Peter Paufler

Alfred Recknagel und der Wiederaufbau der Dresdner Physik

DONATUS

Bibliografische Information der Deutschen Nationalbibliothek:
Die Deutsche Nationalbibliothek verzeichnet diese Publikation in der Deutschen Nationalbibliografie; detaillierte bibliografische Daten sind im Internet über www.dnb.de abrufbar.

Impressum

Umschlag: Spitzenton.Design
Coverbild: Alfred Recknagel © SLUB, Deutsche Fotothek.
Verlag: Donatus Verlag, Niederjahna
Herstellung: Books on demand, BOD Norderstedt
ISBN: **978-3-946710-11-0**
www.donatus-verlag.de

Inhaltsverzeichnis

Vorwort

Unter ‚Dresdner Physik' wird im Folgenden jene Einheit von Personen, Lehr- und Forschungsmitteln sowie Gebäuden verstanden, mit der an der Technischen Universität Dresden (früher: Technische Hochschule Dresden) die Ausbildung von Studierenden und die Forschungsarbeiten im Fach Physik gewährleistet wird. Deren Wiederaufbau nach den schweren Zerstörungen durch den Zweiten Weltkrieg, von denen die Technische Hochschule Dresden besonders stark betroffen war, erforderte von Hochschulangehörigen und den zuständigen Behörden der Stadt Dresden außergewöhnliche Anstrengungen. Daran wurden die Teilnehmer an einer Festveranstaltung am 28. Juni 2016 im Großen Physik-Hörsaal der TU erinnert, als das Physikgebäude durch den Rektor der Universität, Magnifizenz Hans Müller-Steinhagen, den Namen "Recknagel-Bau" erhielt. Der so gewürdigte Namenspatron Alfred Fritz Max Recknagel (1910–1994) wirkte von 1948 bis 1975 als Ordentlicher Professor für Experimentalphysik (ab 1969 für Experimental- und Elektronenphysik) an der TH/TU und schuf in den ersten Nachkriegsjahren mit großem Engagement die Voraussetzungen für die schrittweise Überwindung der Kriegsfolgen in Lehre und Forschung.

Als mich der Sprecher der Fachrichtung Physik, Roland Ketzmerick (Professor für Computational Physics) um einen Beitrag zu dieser Festveranstaltung bat, habe ich gern zugestimmt, wusste ich mich doch in meiner Befürwortung der Gebäudebenennung eins mit zahlreichen Schülern und dankbaren Studierenden des Namenspatrons, die zu meiner Freude auch zahlreich im Auditorium vertreten waren.[1]

---

[1] Beispiele von Bekundungen renommierter Absolventen vgl. Peter Müller, Schreiben an den Dekan Soff vom 7. September 2003 bzw. von Absolventengruppen vgl. Wolfgang Pompe, Schreiben vom 18. Oktober 2010 (Uni-Archiv der TU Dresden).

Im Folgenden wird in einer erweiterten Fassung dieses Vortrags an wesentliche Etappen des Wiederaufbaus und an besondere Verdienste Alfred Recknagels erinnert. Der Leser wird dabei en passant auf einige Besonderheiten der politischen Rahmenbedingungen für die Hochschullandschaft in der sowjetischen Besatzungszone und der DDR aufmerksam gemacht.

Werfen wir aber zum besseren Verständnis des Folgenden zuerst einen kurzen Blick zurück auf die Vorgänger des Geehrten, 'auf deren Schultern im übertragenen Sinne zu stehen' eine bei dieser Gelegenheit oft gebrauchte Metapher ist.

Bei der Metamorphose von der Technischen Bildungsanstalt (gegründet 1828) über die Königlich Polytechnische Schule (1851) und das Polytechnikum (1871) zur Technischen Hochschule (1890) bildete die allgemeine experimentelle Physik mit dem Aspekt präziser Messung mechanischer, elektrischer, magnetischer und optischer Kenngrößen den Keim der späteren Fachrichtung Physik. Diese Professur sollte nun zuerst wiederbesetzt werden. Es ist wohl eher ein Zufall, dass sich die Arbeitsrichtung des Kandidaten Recknagel damit an eine lange Reihe renommierter Forscher auf dem Gebiet der Elektronenphysik anschloss. Erwähnt sei zuerst August Toepler (1836–1912), der 1876 in die Technische Bildungsanstalt eintrat und dem die zeitgenössische Physik eine Reihe hochempfindlicher elektrischer und magnetischer Messinstrumente verdankt. An August Toepler schloss Wilhelm Hallwachs (1859–1922) lückenlos an, der den nach ihm benannten Effekt der Auslösung von Elektronen durch Licht entdeckte, für dessen quantentheoretische Erklärung Albert Einstein 1926 den Nobelpreis erhalten hatte. Dessen Schüler Harry Dember (1882–1943) übertrug diese Erkenntnisse erfolgreich auf Halbleiter. Sein Nachfolger Rudolf Tomaschek (1895–1966) forschte ebenfalls auf dem Gebiet der Photon-Elektron-Wechselwirkung (Fluoreszenz/Phosphoreszenz). Als die Stelle vakant wurde, folgte ihm 1939 Herbert Stuart (1899–1974) mit dem Arbeitsgebiet Aufklärung von Molekülstrukturen mit Hilfe von Elektronen- und Photonenstreuung. Er arbeitete damals am V-Waffen-Projekt „Arbeitsgemeinschaft Peenemünde“ mit. Bei Kriegsende kehrte Stuart nicht mehr an die TH zurück und Gustav Ernst Robert Schulze (1911–1974) übernahm dessen Aufgaben kommissarisch bis zur Schließung der Hochschule.[2]

Es würde den Rahmen dieses Berichts bei Weitem sprengen, wenn auch die zahlreichen Vertreter anderer physikalischer Arbeitsrichtungen gewürdigt werden sollten. Sie haben in ihrer Gesamtheit den guten Ruf der Alma Mater Dresdensis begründet. Hier muss auf weiterführende Darstellungen verwiesen werden, darunter auch auf Schriften, die aus Sicht der SED verfasst wurden.[3] Zwischen 20. April 1945 und 18. Oktober 1946 blieb der Lehr- und Forschungsbetrieb

---

[2] P. Paufler: Gustav Ernst Robert Schulze: Metallphysiker, Kristallchemiker, Hochschullehrer. Leben und Werk 1911-1974. Abhandlung der Sächsischen Akademie der Wissenschaften zu Leipzig , Math.-nat. Kl., Bd. 65, Heft 6, 2013.

[3] Vgl.: Ein Jahrhundert Sächsische Technische Hochschule 1828-1928. Festschrift zur Jahrhundertfeier 4. bis 6. Juni 1928; W. Neumann: Über die Geschichte des Physikalischen Institutes der Technischen Hochschule Dresden mit Würdigung der in ihm ausgeführten wissenschaftlichen Arbeiten. Lehramtsabschlussarbeit 22. September 1933, Manuskript SLUB Dresden; Friedrich Adolf Willers: Die Abteilung für Mathematik und Physik. In: 125 Jahre Technische Hochschule Dresden. Festschrift 1953, S. 86-92; G. E. R. Schulze: 10 Jahre Fakultät für Mathematik und Naturwissenschaften. In: Wissenschaftliche Zeitschrift der TU Dresden 8, Heft 6 ,1958/59. G. Geise: TU Dresden. Fakultät Naturwissenschaften und Mathematik. Vorstellung der Fakultät. Wissenschaftliche Zeitschrift der TU Dresden 41, H1. 3-39,1992; G. Landgraf (Hrsg.): Geschichte der Technischen Universität Dresden in Dokumenten und Bildern, Band 2. TU Dresden 1994; K. Mauersberger: Von der Photographie zur Photophysik. 100 Jahre Wissenschaftlich-Photographisches Institut 1908-2008. IAPP der TU Dresden 2008; H. Zimmer (Hrsg.): Beiträge zur Geschichte der Physik an der Technischen Universität. TU Dresden, Sektion Physik 1988; A. Sonnemann (u. a.): Geschichte der Technischen Universität Berlin 1988; D. Seeliger: Kernphysik an der Technischen Universität Dresden von 1955 bis 1990. Tradition, Fakten und Reminiszenzen. Dresden 2009; W. Voss: Dresdens große Mathematiker. Brücken zwischen Theorie und Anwendung. Historische Streifzüge. In: Dresdner Universitätsjournal, Sonderausgabe 2001.

eingestellt, Vorbereitungen zum Neubeginn liefen aber weiter (zeitlich parallel mit der sog. Entnazifizierung und dem Abtransport von Geräten als Reparationsleistungen in die Sowjetunion).[4] Die Anstrengungen zur Wiederaufnahme des Physikunterrichts wurden 1946 vor allem beflügelt durch dessen Bedeutung für die Ausbildung von Ingenieuren und Lehrern. Trotz kriegsbedingter Verluste fanden sich noch zahlreiche personelle und materielle Ressourcen der erfolgreichen Vergangenheit, mit denen ein Neustart versucht werden konnte. Architektonisch anspruchsvolle und zugleich zweckmäßige Gebäude sind Eckpfeiler einer Technischen Hochschule. Traditionell werden sie an der TH Dresden nach hervorragenden Hochschullehrern benannt, was zugleich die Orientierung auf dem Campus erleichtert.[5]

---

4 K. Reinschke: Die Nachkriegsjahre an der Technischen Hochschule Dresden 1945-1947. In: Benjamin Schröder (Hrsg). Unter Hammer und Zirkel. Studien des Forschungsverbundes SED-Staat an der Freien Universität Berlin, Band 16, Frankfurt a. M. 2011.

5 Zu den Grundsätzen der Namensvergabe an der TH/TU: 1. Der Namensgeber war Professor an der TH/TU (Ausnahmen: Karl von Gerber, der u. a. Professor an der Uni Leipzig und Minister in Dresden war; Naotsugu Nabeshima (1912–1981), der als Japaner Ehrendoktor der TU wurde; Georg Schumann (1886–1945), der als kommunistischer Widerstandskämpfer keinen Bezug zur Hochschule hatte). 2. Der Namensgeber hat in dem Gebäude gewirkt bzw. zu dessen Auf-/Ausbau beigetragen (z. B. Heinrich Barkhausen (1881–1956), Georg Berndt (1880–1972), Kurt Beyer (1881–1952), Ludwig Binder (1881–1958), Fritz Foerster (1866–1931), Walter Frenzel (1884–1970), Johannes Görges (1859–1946), Alfred Jante (1908–1985), Walter König (1878–1964), Richard Mollier (1863–1935), Erich Müller (1870–1948), Friedrich Wilhelm Neuffer (1882–1960), Gerhart Potthoff (1908–1989), Wilhelm Richter (1906–1978), Ewald Sachsenberg (1877–1946), Julius Adolph Stöckhardt (1809–1886), Friedrich Adolf Willers (1883–1959), Alfred Recknagel (1910–1994), Günther Landgraf (1928–2006)). Davon wich man ab, wenn kein im Gebäude tätig gewesener Professor nachweisbar war. 3. Der Namensgeber hat Besonderes geleistet zum Wohle der TH/TU oder des Fachgebietes (Ausnahme: Georg Schumann hatte als Widerstandskämpfer im Dritten Reich keine Möglichkeit). 4. Der Namensgeber ist zum Zeitpunkt der Namensgebung bereits verstorben (Ausnahmen: Heinrich Barkhausen (gest. 1956, Namensgebung bereits 1951), Georg Berndt (gest. 1972, Namensgebung 1953), Ludwig Binder (gest. 1958, Namensgebung 1953), Walter König (gest. 1964, Namensgebung 1953). Friedrich Wilhelm Neuffer (gest. 1960, Namensgebung 1954). Ich danke Kustos Dr. Klaus Mauersberger für die zahlreichen Hinweise darauf.

Abb. 01: Flügel B, C und D des Physikgebäudes (Recknagel-Bau) um 1965.

Das bisher namenlose, aber für die Physikausbildung eines breiten studentischen Publikums wichtige Gebäude stand nun vor der Benennung als Recknagel-Bau. Mit dem Matthäus-Wort ‚An ihren Früchten sollt ihr sie erkennen' habe ich sieben Zweige des Schaffens von Alfred Recknagel beleuchtet. Sie reichen vom erfolgreichen Wissenschaftler über den Begründer der Recknagel-Schule bis zum Gebäude, an dessen Nutzungskonzeption er wesentlich mitgewirkt hat und das schon seit rund 60 Jahren als ‚Physikgebäude' (Haeckelstr. 3, 01069 Dresden) tausenden von Naturwissenschaftlern und Ingenieuren moderne Ausbildungsbedingungen bietet.

Der Elektronenphysiker – ein Spitzenforscher für Dresden

Nach heutigen Maßstäben gelang Alfred Recknagel ein Schnellstart in die Wissenschaft, als er als Sohn des Spielwarenheimarbeiters Georg Recknagel und dessen Ehefrau Therese vom Geburtsort Eisfeld in Thüringen über Volks-, Mittel- und Aufbauschule zum Studium nach Jena (1929–1931) und Leipzig (1931–1934) gelangte und dort im Alter von 24 Jahren zum Dr. phil. promovierte. Zu Recknagels ersten wichtigen Forschungen mit hohem Anwendungspotenzial gehören seine Pionierarbeiten zum Elektronenspiegel und zum Emissionsmikroskop, die er im AEG-Forschungsinstitut Berlin abgeschlossen hatte. Die komplexen Berechnungen des Elektronenverhaltens, damals noch ohne elektronische Rechner durchgeführt, bildeten die Grundlage für die Konstruktion zentraler Bauelemente der Elektronenoptik und damit auch für die sehr erfolgreiche Produktion leistungsfähiger Elektronenmikroskope. Abbildung 1 lässt unschwer erkennen, wie die Funktion des bekannten Toilettenspiegels für sichtbares Licht nun auf Elektronen sogar steuerbar übertragen und in diesem Fall mit Linsenfunktion kombiniert werden konnte. In Abbildung 2 werden Rechnungen zum Verhalten von Elektronen aus Selbststrahlern vorgestellt, die sich zur Konstruktion eines Elektronenemissionsmikroskops nutzen lassen. Für diese Erkenntnisse wird Alfred Recknagel heute zu den Vätern der Elektronenoptik gezählt.[6] Über diese Forschungen wurde anlässlich der 100. Wiederkehr seines Geburtstages im Jahre 2010 in einem Kolloquium von seinen Schülern Rolf Goldberg und Klaus Wetzig sowie zuvor durch Würdigungen von Mitarbeitern und Fachkollegen eingehend berichtet, so dass dieses Thema hier nur gestreift werden kann.[7]

---

6 Vgl. auch Dietrich Schulze: In memoriam A. Recknagel. Physikalische Blätter 51, 1995, S. 302.

7 Physikalisches Kolloquium der TU Dresden am 23. November 2010.

Obwohl Alfred Recknagel die Lehramtsprüfung 1934 abgelegt hatte,[8] trat er nicht in den Schuldienst, sondern als Wissenschaftlicher Mitarbeiter in das Industrieforschungsinstitut der AEG (Berlin-Reinickendorf) ein, wo er von 1934 bis 1945 arbeitete. Das Gesetz zur Wiederherstellung des Berufsbeamtentums vom 7. April 1933 hatte zuvor die Berufswelt völlig verändert und bestimmte den Ausschluss vom Beamtenstatus aus rassischen und politischen Gründen, forderte also umgekehrt vom Beamten ein Bekenntnis zum NS-Staat. Diesen Weg in die Industrieforschung schlug er mit einer Reihe anderer deutscher Wissenschaftler ein, da dort vor allem wissenschaftliche Kreativität gefordert wurde und politische Bekenntnisse, wie beispielsweise die Mitgliedschaft in der NSDAP, zweitrangig blieben.[9] Dass dies ein maßgebendes Motiv seiner Wahl war, geht explizit aus seinem Lebenslauf hervor, den er am 31. März 1975 verfasste.[10]

1945 wechselte er als wissenschaftlicher Mitarbeiter von der AEG Berlin zu Carl Zeiss Jena, also wieder in die Industrieforschung, diesmal aber zusätzlich mit Lehraufgaben an der dortigen Universität (1946 bis 1947 als Oberassistent, ab 1947 als Dozent).[11] In Jena blieb er bis 1948.

---

8 Lehramt an Höheren Schulen in den Fächern Mathematik, Physik, Chemie. Prüfung an der Universität Jena.

9 Eine Bescheinigung des Antifaschistischen Blocks der Universität Jena vom 7. Februar 1948 aufgrund einer eidesstattlichen Erklärung von Alfred Recknagel weist seine Nichtmitgliedschaft aus (Universitätsarchiv Personalakte Recknagel). 2016 wurde dies vom Bundesarchiv bestätigt. Seine Mitgliedschaften in der DAF (Deutschen Arbeitsfront) von 1934 bis 1945 und dem NSV (Nationalsozialistische Volkswohlfahrt) von 1939 bis 1945 können als beiläufig gelten.

10 Vgl. Universitätsarchiv, Personalakte Recknagel. Helmut Zimmer hatte vermutlich davon Kenntnis. Vgl. Laudatio zum 65. Geburtstag von Professor Dr. phil. habil. Alfred Recknagel. Wissenschaftliche Zeitschrift der TU Dresden 25, 1976, S. 757-760.

11 Unter der Rubrik ‚Universitäten/Jena' erschien in den Physikalischen Blättern die Notiz: „[...] *Dr. A. Recknagel hat den Wiederaufbau des Praktikums für Fortgeschrittene übernommen.*", Mitteilung vom 28. November 1946. In: Physikalischen Blätter 3, 1947, S. 21.

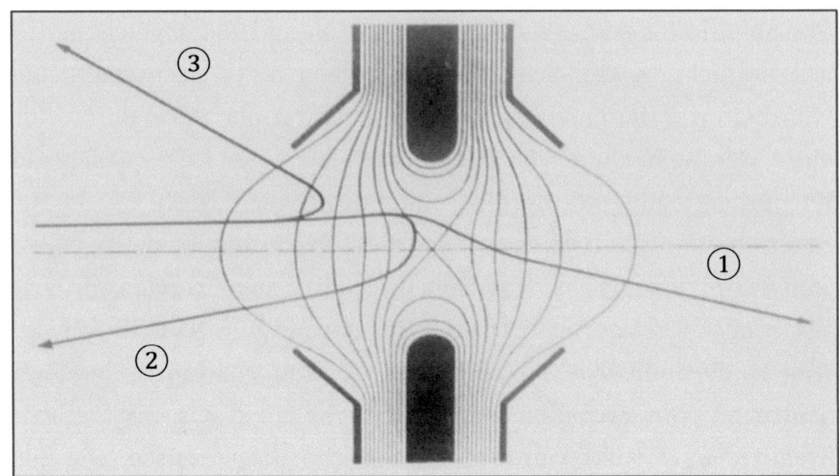

Abb. 1: Strahlengang eines von links einfallenden Elektronenstrahls für drei verschiedene Pfade durch das Potenzialgebirge der Lochblende (schwarz) und damit drei unterschiedlichen Wirkungen der Anordnung: Pfad 1 als Linse, Pfad 2 als Sammelspiegel und Pfad 3 als Zerstreuungsspiegel. Die dünnen Linien verbinden Orte gleichen elektrischen Potenzials.

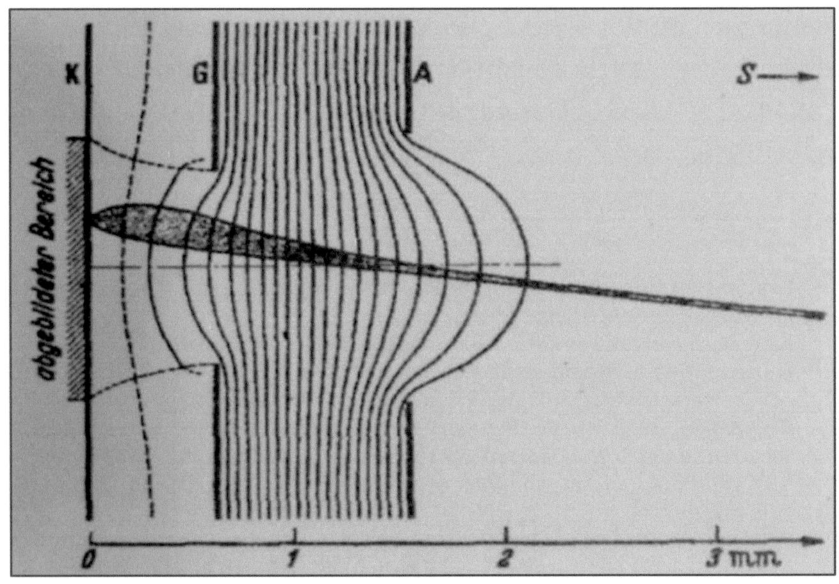

Abb. 2: Schema des Elektronenmikroskops für Selbststrahler. Elektronen werden von einem Punkt der erhitzten Kathode K emittiert und in Richtung der Lochscheibe A beschleunigt. Das Potenzial von G wird so gewählt, dass auch schräg zur Oberfläche K austretende Elektronen auf dem Schirm S (rechts) ein Bild des Punktes von K ergeben. Horizontal ist die Ortskoordinate in Millimetern angegeben.

Der verwaiste Lehrstuhl – Last oder Chance?

An der Technischen Hochschule Dresden wurde 1947 der Physiklehrstuhl vakant, als Martin Kersten (1906–1999) nach einjähriger Tätigkeit als Direktor des Physikalischen Instituts einen Ruf an die Universität Jena annahm. Heinz Neuber (1906–1989) vertrat ihn zunächst. Mit Alfred Recknagel blieb wegen der sehr schwierigen Situation im zerstörten Dresden schließlich ein Kandidat für die Lehrstuhlbesetzung übrig, der sich damals in der sowjetischen Besatzungszone als Mitglied der noch jungen SED in besonderem Maße als Hochschullehrer empfahl. Es mangelte auch nicht an renommierten Befürwortern im Sinne der heutigen Gutachter, wobei damals allerdings kurze Bewertungen mit ein oder zwei Sätze als Empfehlung bereits ausreichten. Zu den Befürwortern gehörten sein Doktorvater Friedrich Hermann Hund (1896–1997),[12] der ebenfalls von 1946 bis 1951 an der Universität Jena wirkte, der ehemalige Leiter des AEG-Forschungsinstituts Carl Wilhelm Ramsauer (1879–1955), der ab 1945 als Ordinarius an der TH in West-Berlin arbeitete, und der bereits erwähnte Martin Kersten. Die Pädagogische Fakultät der TH Dresden beantragte daraufhin am 4. Januar 1948 beim Sächsischen Ministerium für Volksbildung die Wiederbesetzung der Stelle mit Alfred Recknagel. Der heute vorgeschriebene Weg einer öffentlichen Ausschreibung war in der sowjetischen Besatzungszone und auch später in der DDR nicht üblich. Vielmehr wurden geeignete Kandidaten von der Hochschule angefragt.

Dresden galt unter Forschern als unattraktiv. So fehlte es schlichtweg an Bewerbern. Dekan Friedrich Wolf Willers (1883–1959) musste nach umfangreicher Suche gegenüber dem Ministerium ein verbreitetes Desinteresse unter einschlägigen Fachleuten an einer Professur in Dresden einräumen und damit die Abweichung vom üblichen

---

[12] Die Doktorarbeit zum Thema ‚Berechnung der Elektronenterme der Stickstoffmolekel' hat er an der Universität Leipzig eingereicht.

Prozedere begründen. Das Dilemma der TH Dresden zwischen Chancen des Neubeginns und Unwägbarkeiten wirtschaftlicher und politischer Zukunft erschien vielen Forschern zu groß. Dazu sollten folgende Aspekte betrachtet werden:

1. Weite Teile der Stadt lagen in Trümmern und auch die Abteilung Mathematik und Physik hatte Verluste zu beklagen.[13] Das städtische Leben Dresdens und das der Hochschule bewegten sich auf vergleichsweise niedrigem Niveau.
2. Der Bedarf an Lehrern und Ingenieuren war bedingt durch den Bruch im Gesellschaftssystem und die Kriegseinwirkungen besonders groß. Von einem ausgewogenen Verhältnis zwischen Lehre und Forschung konnte zunächst keine Rede sein. Das Physikalische Institut war absichtsvoll der Pädagogischen Fakultät zugeordnet.[14] Zum Physik-Diplom fand zunächst nur eine kleinere Zahl Bewerber Zulassung.[15] Die

---

13 Einen genaueren Bericht über die Verluste der Abt. Mathematik/Physik gibt A. Willers in: 125 Jahre Technische Hochschule Dresden, 1828-1953, S. 89-90.

14 Dem Institut oblag die Ausbildung von Gewerbelehrern und Lehrern für allgemeinbildende und pädagogische Fächer aller 10 Abteilungen der Fakultät: Physik, Mathematik, Chemie, Elektrotechnik, Metallgewerbe, Holzbearbeitungsgewerbe, Textilgewerbe, Baugewerbe, Lebensmittelgewerbe, graphisches Gewerbe. Folgende Lehrveranstaltungen wurden im Wintersemester 1946/47 gehalten (Auswahl aus Vorlesungsverzeichnis, Lehrperson in Klammern): Experimentalphysik I; Physikalische Rechenübungen und Einführung in das Physikalische Praktikum; Kolloquium für Physik und Grenzgebiete (alle Kersten); Physik der Röntgenstrahlen; Zerstörungsfreie Roh- und Werkstoffprüfung (beide Wiedmann); Höhere Mathematik (Willers); Darstellende Geometrie (Ludwig); Anorganische Experimentalchemie (Simon); Grundlagen der Material- und Energielehre (Heidebroek); Grundlagen der praktischen Elektrotechnik (Binder); Einführung in die Elektrotechnik (Schönfeld); (Wahlfach) Gewinnung und Bearbeitung der Werkstoffe (Koloc). Am 11. November 1949 wurde im Rahmen einer Neugliederung der Pädagogischen Fakultät die Fakultät für Mathematik und Naturwissenschaften gegründet. Vgl. Paul Heinz Müller: Rückblick auf 50 Jahre Fakultät Mathematik und Naturwissenschaften. In: 50 Jahre Fakultät Mathematik und Naturwissenschaften. Dresden 1999, S. 8-46.

15 Mit Schreiben vom 19. August 1947 teilte das Sächsische Ministerium dem Rektor die erlaubten Zulassungszahlen für das WS 1947/48 mit: TH Dresden

wünschenswerte Ausbildung in Theoretischer Physik musste vertretungsweise durchgeführt werden, denn die Wiederbesetzung dieses Lehrstuhls gelang erst 1954.[16] Zu den Vertretungslehrern gehörten u. a. Ostap Stasiw (1903–1985) (Prof. mit Lehrauftrag für Physik der Festkörper), Maximilian August Toepler (1870–1960) (er hatte bis 1951 die Leitung des Instituts für Theoretische Physik inne und hielt bis zum Wintersemester 1950/1951 die Vorlesung für Theoretische Physik), Joachim Teltow (1913–2010) (Lehrauftrag für Quantenphysik und Festkörperphysik) und Klaus Krienes (1914–1964) (Analytische Mechanik und Strömungslehre).

3. Die sowjetische Besatzungszone war als Hochschulstandort in mehrfacher Hinsicht gegenüber den drei anderen Zonen benachteiligt. Die Reparationsleistungen, die allein an der TU Dresden in Form von Geräten und Büchern 2.773.608 Mark betrugen, bremsten den wirtschaftlichen Neuanfang.[17] Auch die ideologisch determinierten Anordnungen der sowjetischen Militäradministration wurden strenger als in den andere Besatzungszonen verfolgt. Beispielsweise wurde es ehemaligen Mitgliedern der NSDAP untersagt, weiter zu unterrichten. Auf Anfrage von Dekan Willers schlug Robert Wichard Pohl (1884–1976) (Uni Göttingen) am 29. Mai 1947 vor, doch angesichts der Schwierigkeiten, einen Lehrstuhl-

---

insgesamt 650 Studenten, davon 250 Lehrer, 290 Ingenieure, 30 Mathematiker, 30 Physiker, 50 Chemiker/Biologen. Vgl. Universitätsarchiv: Math/Nat XI. Die Ausbildung zum Diplom-Physiker wurde mit dem WS 1947 erstmals wieder aufgenommen. Vgl. A. Willers in: '125 Jahre TH Dresden 1828-1953', S. 90.

16 Mit Wilhelm Macke.

17 Geschichte der Technischen Universität Dresden 1988, Berlin 1988, S. 176; vgl. dazu auch: Kurt Reinschke: Die Nachkriegsjahre an der Technischen Hochschule Dresden 1945-1947. In: B. Schröder, J. Staadt (Hrsg.): Unter Hammer und Zirkel. Studien des Forschungsverbundes SED-Staat an der Freien Universität Berlin, Band 16, Frankfurt a. M. 2011.

inhaber für die TH Dresden zu finden, die NSDAP-Mitgliedschaft des aus seiner Sicht bestens geeigneten Dr. Karl Heinz Hellwege (1910–1999) aus Göttingen zu ignorieren.[18] Dagegen sprach jedoch in Dresden der Befehl Nr. 50 der sowjetischen Militäradministration vom 4. September 1945, in dem festgelegt wurde, dass Universitäten auf dem Gebiete der sowjetischen Besatzungszone ihren Betrieb u. a. ohne nationalsozialistisch belastete Hochschullehrer wieder aufnehmen sollten. Die Bestimmungen des Alliierten Kontrollrates bekräftigten das. Erst nach der Rückkehr einer größeren Zahl deportierter deutscher Wissenschaftler aus der Sowjetunion 1954 traten die Bestimmungen außer Kraft. Auch Bewerber um einen Studienplatz konnten aus politischen Gründen in den ersten Nachkriegsjahren abgelehnt werden. 1949 wurden diese Zulassungsbeschränkungen wieder aufgehoben.

Das Ministerium hatte also gute Gründe, den Ruf an Recknagel schnell zu erteilen. Der Ruf erging am 6. Februar 1948 und sollte bis zum Erreichen der Altersgrenze gelten.[19] Recknagel kündigte am 16. Februar 1948 seine Entschlossenheit zur Rufannahme an, formulierte aber gleichzeitig eine Reihe von Wünschen nach Unterstützung. Diese verstand er aber nicht als notwendige Bedingung, weil er natürlich um die Probleme der Planwirtschaft wusste. Er forderte beispielsweise zusätzlich drei Baracken neben den Räumen im Organisch-chemischen Institut, ein eigenes Arbeitszimmer, den vordringlichen Neubau eines Physikalischen Hörsaals, Hilfe beim Umzug und bei der

---

[18] Hellwege wurde 1948 an der Universität Göttingen wieder angestellt und 1952 an die TU Darmstadt berufen.

[19] Im Zuge der dritten Hochschulreform der DDR wurden jedoch alle Verträge unter Verlust einer Reihe von Rechten durch neue ersetzt. Für Alfred Recknagel bedeutete dieser Verwaltungsakt die Ernennung zum Ordentlichen Professor für Experimentalphysik (Elektronenoptik) per 1. September 1969. Diese Anstellung endete mit der Abberufung auf eigenen Wunsch aus gesundheitlichen Gründen per 1. Dezember 1975.

Wohnungsbeschaffung in Dresden und Hilfe bei der Verpflegungszuteilung. Dazu gehörte außerdem ein vereinbartes Grundgehalt von 8.000 Mark zuzüglich diverser Zuschläge und Vergütungen.

Viele Forderungen erscheinen heute als kaum vorstellbar; beispielsweise bezeichnete das Ministerium es als „äußerst schwierig", die Beschaffung eines Benzinkontingents für den Transport von Jena nach Dresden bereitzustellen.[20]

Doch Alfred Recknagel hatte über zwei Jahre Erfahrung mit sozialistischer Mangelverwaltung in Jena und wusste daher beispielsweise die Berufungszusage Nr. 7 zu schätzen, mit der ihm innerhalb von sechs bis acht Wochen Verpflegungsscheine zugesichert wurden, die er zur eigentlichen Existenzsicherung dringend benötigte.[21] Dagegen musste die Berufungszusage Nr. 8 über das Grundgehalt nur marginal erscheinen.[22] Das System der Bezugsscheine parallel zur Geldwirtschaft lähmte jedenfalls die gesamte Entwicklung der TH Dresden.

---

20 Schreiben der Landesregierung vom 22. Februar 1948; Universitätsarchiv Personalakte Recknagel.

21 Im Schreiben von Ministerialdirektor Arthur Simon heißt es: *„Ein Pajok wird für Sie, sobald die Ernennung vollzogen ist, beantragt werden. Gewöhnlich dauert die Genehmigung 6-8 Wochen. Die Regierung würde aber versuchen, Ihnen von dem Moment ab, in dem Sie zum ersten Mal voll Dienst tun, einen Pajok-Schein zur Verfügung zu stellen."* Universitätsarchiv, Personalakte Recknagel. (паёк [pajok] bedeutet Zuteilung, Verpflegungsrate).

22 Schreiben der Landesregierung vom 22. Februar 1948. Universitätsarchiv Personalakte Recknagel.

Der neue Lehrstuhlinhaber – Mut zur Tat

Es gehörte schon viel Mut, Tatkraft und Zuversicht dazu, in dem Ruf hinter dem Berg angedeuteter Schwierigkeiten langfristig eine Chance zu sehen, vor allem, da zwischen Berufungszusage am 22. Februar 1948 und Dienstantritt Alfred Recknagels in Dresden am 1. April 1948 nicht einmal zwei Monate lagen. Der Philosoph Jean Paul sagte: „*Mut besteht nicht darin, dass man die Gefahr blind übersieht, sondern dass man sie sehend überwindet*".[23] Und Alfred Recknagel kam und sah. Er zog mit seiner Ehefrau Hedwig und den Töchtern Renate (geb. 1939) und Ursula (geb. 1946)[24] von Jena nach Dresden und übernahm die Verantwortung für den Lehrbetrieb und die Leitung des schwer zerstörten Physikalischen Instituts.

Das Sommersemester begann am 12. April 1948 und endete am 7. August 1948. Nur wenige Mitarbeiter standen zur Verfügung. Im Vorlesungsverzeichnis für das Sommersemester 1949 sind als Assistenten nur Walter Lehne und Dr. Sybille von Schießl genannt. Im Jahr zuvor ist eine Zuordnung nicht möglich. Außerdem beschäftigte man einige Mechaniker[25] und Hilfsassistenten. Dazu gehörte Johannes Günther Haufe (1922–2014), der vor seiner Einberufung zum Wehrdienst drei Semester Technische Physik an der TH Dresden studiert hatte, nach seiner Entlassung aus der Kriegsgefangenschaft als Hilfsassistent (1948 bis 1952) wesentlich zur technischen Ausstattung für Lehre und Forschung beitrug und später auch für Recknagel eine wichtige Stütze bei den Neubauvorhaben wurde.[26]

---

23 Johann Paul Friedrich Richter (1763-1825).

24 Seine dritte Tochter Cordula wurde 1950 geboren.

25 Eine kleine Werkstatt stand in den Räumen des ehemaligen Erdbauinstituts an der Bergstraße für Meister Wunderwald und zwei Mechaniker zur Verfügung. Vgl. H. Zimmer, Wissenschaftliche Zeitschrift der TU Dresden 25, 1976, S. 757-760.

26 Uni-Archiv Günther Haufe PA II 11796; Vgl. auch: P. Paufler: Lehrer der Experimentalphysik verstorben. Dresdner Universitätsjournal 25, Dresden 2014, Nr. 14, S. 8.

Pädagogische Fakultät
der Technischen Hochschule

Dresden,den 4.I.1948

Zu Nr. VII 2 D: 85 b L 1/47
Hochschulreg.616b/I.47

An die Landesregier-ung Sachsen,Ministerium für Volksbildung,
Abteilung Hochschulen und Wissenschaft
über den Herrn Rektor der Technischen Hochschule

Nachdem die auf dem Berufungsvorschlag vom 1.7.47 genannten Herren Prof.Dr. S a u r - Erlangen und Prof.Dr. L a s s e n - Berlin beide die Übernahme der Professur für Experimentalphysik abgelehnt haben, obwohl sie sich zunächst grundsätzlich zur Übernahme bereit erklärt hatten, und nachdem wiederum einige in der Westzone lebende Herren, wie z.B. Herr Dr. B o e r s c h - Tetnang eine Übersiedlung nach Dresden grundsätzlich abgelehnt haben, kann die Fakultät nur eine Einerliste aufstellen.

Als Kandidat wird Herr

Dr.phil.habil. Alfred R e c k n a g e l - Jena

genannt.

Herr Dr. Recknagel hat am 30.Januar hier in Dresden einen ausgezeichneten Vortrag im physikalischen Kolloquium gehalten, hat sich die hiesigen Verhältnisse genau angesehen und hat sich daraufhin zur Übernahme der Professur für Experimentalphysik an der Technischen Hochschule Dresden, falls die Berufung an ihn ergehen würde, bereit erklärt.

Herr Dr. Recknagel ist 37 Jahre alt. Er ist in Eisfeld in Thüringen als Sohn eines Holzdrehers geboren, hat bei Hund-Leipzig 1933 promoviert und sich in Jena 1943 habilitiert. Von 1934-1945 arbeitete er im Forschungsinstitut der AEG insbesondere mit Professor Brüche zusammen über Fragen der Elektronenoptik. Zur Zeit ist er Dozent der Universität Jena und Mitarbeiter der Firma Zeiß.

Seine Arbeiten beschäftigen sich in der Hauptsache mit dem Elektronenmikroskop. "Seine Veröffentlichungen können sich sehen lassen", wie Professor Hund schreibt. Dieser schreibt auch: "Seine Vorträge zeichnen sich durch Klarheit und Tiefe aus". Das bestätigte der Vortrag, den er hier im physikalischen Kolloquium über "die Leistungsgrenze des Übermikroskops" gehalten hat.

Dr. Recknagel ist seit 1939 verheiratet und Vater zweier Mädchen. Er macht den Eindruck einer durchaus in sich gefestigten Persönlichkeit, scheint sehr besonnen, aber offenbar etwas zurückhaltend zu sein. Nach Hund ist Recknagel "ein Mann von persönlicher Kultur". Nach Professor Ramsauer, der Recknagel mehr für eine Professor für theoretische Physik empfiehlt, "ist Recknagels Per-

Abb. 3: Berufungsvorschlag der Fakultät.

sönlichkeit für eine akademische Lehrtätigkeit geeignet". Es stimmt allerdings, daß der größte Teil seiner Arbeiten mehr theoretischer Natur ist. Herr Recknagel selbst aber betonte, als ihm die Wahl zwischen dem Lehrstuhl für theoretische Physik und Experimentalphysik gestellt wurde, daß sein Interesse vor allem in den letzten Jahren durchaus nach der experimentellen Seite hin ginge, und daß für ihn nur eine Berufung auf den Lehrstuhl für Experimentalphysik in Frage käme.

Die Fakultät bittet, Herrn Dr. Recknagel auf den Lehrstuhl für Experimentalphysik zu berufen. Die Unterlagen (Fragebogen, Lebenslauf u.s.w.) sind der Landesregierung Sachsen,Ministerium für Volksbildung, Abteilung Hochschulen und Wissenschaft über den Herrn Rektor der Technischen Hochschule mit dem Schreiben vom 18.12.47 überreicht worden. Der Strafregisterauszug ist angefordert und wird nachgereicht.

DER DEKAN
der Pädagogischen Fakultät
der Technischen Hochschule

Willers

Abb. 3 (Fortsetzung): Berufungsvorschlag der Fakultät.

Die notwendige Geräte und Lehrmittel, die teilweise buchstäblich aus der Asche geborgen worden waren, wurden für den Lehrbetrieb mit der Vorlesung Experimentalphysik, den Rechenübungen, dem Physikalischen Praktikum und dem Physikalischen Kolloquium fit gemacht. Bis zum Sommersemester 1947 wurden die Vorlesungen in Experimentalphysik von Martin Kersten und im Wintersemester 1947/48 vertretungsweise von Heinz Schönfeld (1908–1957) gehalten. Der Umfang pro Woche betrug vier Stunden Vorlesung, sechs Stunden Praktikum und zwei Stunden Rechenübungen.

Der Mythos vom Wiedererstehen des Phönix aus der Asche fand damit hier in Dresden eine gelebte Analogie.

Der Lehrer – Phönix aus der Asche

Recknagel begann den Lehrbetrieb und es fehlte buchstäblich an fast allem – namentlich an Lehrmaterial und Lehrräumen – aber nicht an Willen und Improvisationskunst. Schon nach dem ersten Besuch in Dresden war sich Alfred Recknagel bewusst, seine Kraft vordringlich auf den Wiederaufbau des Lehrbetriebs lenken zu müssen.

Zum Lehrkörper Physik gehörte zunächst der schon erwähnte Maximilian August Toepler (1870–1960), der trotz fortgeschrittenen Alters als Lehrbeauftragter noch bis 1951 beim Neuanfang der TH Dresden half. Ein weiterer Hochschullehrer war der Paschen-Schüler Gebhardt Wiedmann (1884–1965), der seit 1924 das Röntgenlaboratorium leitete, 1945 entlassen worden war und 1947 bis 1954 wieder zum Direktor des Instituts für Röntgenkunde ernannt wurde. In den letzten Jahren seiner Tätigkeit behinderte ein Augenleiden zunehmend seine Arbeit. Außerdem arbeitete noch der gleichfalls erwähnte Ostap Stasiw (1903–1985) ab 1947 als Professor mit Lehrauftrag für Ausgewählte Kapitel der Physik mit. Gleichzeitig leitete Stasiw ein Labor der Akademie der Wissenschaften in Berlin-Adlershof.[27]

Die schnell steigende Nachfrage nach Studienplätzen erhöhte auch die Belastung des Lehrpersonals. Waren 1946 noch 453 Direktstudenten genannt, begannen 1951 schon 1.123 Fernstudenten an der TH Dresden ihr Studium. 1949 waren 2.180 Direktstudenten an der TH Dresden eingeschrieben, und 1955 waren es 8.217. 1955 hörten allein 2.150 Studenten die Physik als Nebenfach. Mehr und mehr junge Menschen wollten die Bildungsdefizite kompensieren, die der Krieg mit Wehrdienst, Ersatzdiensten und Zulassungsbeschränkungen ihrer Lebensplanung aufgezwungen hatte. Aus der ständig steigenden Nachfrage erwuchsen der Hochschule neue anspruchsvolle Aufgaben,

---

[27] R. Sonnemann (u. a.): Geschichte der TU Dresden, Berlin 1988.

darunter die Einrichtung von Fernstudiengängen für Berufstätige.[28] Außerdem wurde mit der Schaffung der Arbeiter- und Bauern-Fakultät für Kinder von Arbeitern und Bauern zusätzlich ein Weg zur Hochschulreife geschaffen. Wenn sie auch nicht zur TH Dresden gehörte, so wirkte sie sich doch auf das Bewerberprofil der Direktstudenten aus. 1951 wurden zusätzlich zu den etwas mehr als 2.000 vorhandenen Direktstudenten der TH Dresden noch 1.123 Fernstudenten eingeschrieben, darunter auch über 100 für den Diplomstudiengang Physik.[29] Das stellte die Hochschule vor neue Herausforderungen: Gab es schon kaum Lehrbücher zum Gebrauch neben den Vorlesungen, so fehlte es jetzt erst recht an Lehrmaterial für die veränderten Bedürfnisse der Fernstudenten.[30] Eine Gruppe unter Recknagels Leitung verfasste deshalb Lehrbriefe (siehe Abbildung 4)[31], die mit Beginn des Fernstudiums ab 1951 zur Verfügung standen. Dass es dafür erheblichen methodischen Zusatzaufwand brauchte, lässt sich an der beigefügten Anleitung erahnen (siehe Abbildung 5).

Wenn daraus vier Jahre später der erste Teil des gleichnamigen Lehrbuchs ‚Physik' (siehe Abbildung 6) hervorging, dann war das ein weiterer Beitrag Alfred Recknagels Schwierigkeiten aktiv zu überwinden und eine weitere Frucht seines Wirkens in Dresden.[32]

---

28 Der Wunsch nach Qualifizierung neben beruflicher Tätigkeit war im Zusammenhang mit dem nach Familiengründung weit verbreitet. Die dafür geeigneten Lehrgänge lagen bis dahin in privater Hand.

29 A. Recknagel: Bemerkungen zum Fernstudium der Physik. Physikalische Blätter 23, 1960, S. 248-251.

30 Vgl. A. Recknagel, Physik, 1. Lehrbrief, Leipzig 1955, Vorwort.

31 Am Beginn 1951 standen zunächst die Lehrbriefe ‚Physik' Lehrbrief 1-4 zur Mechanik von A. Recknagel, die nach den Vorlesungsskripten von Rolf Reißig bearbeitet wurden und im Volk und Wissen Verlag Berlin/Leipzig erschienen, zur Verfügung. Vgl. auch H. Alkier: Zusammenfassung zu dem Lehrbuch von Prof. A. Recknagel Physik Mechanik, Berlin 1955. Lehrbriefe zu den Teilgebieten Schwingungen, Wellen, Wärmelehre; Elektrizität und Magnetismus; und Optik folgten in den Jahren bis 1961.

32 Die Etablierung des Fernstudiums (Physik für Physiker und Ingenieure) war schon ein Verdienst für sich genommen, denn damit war zahlreichen leistungsbereiten Menschen unterschiedlicher Nachkriegslebensgeschichte und

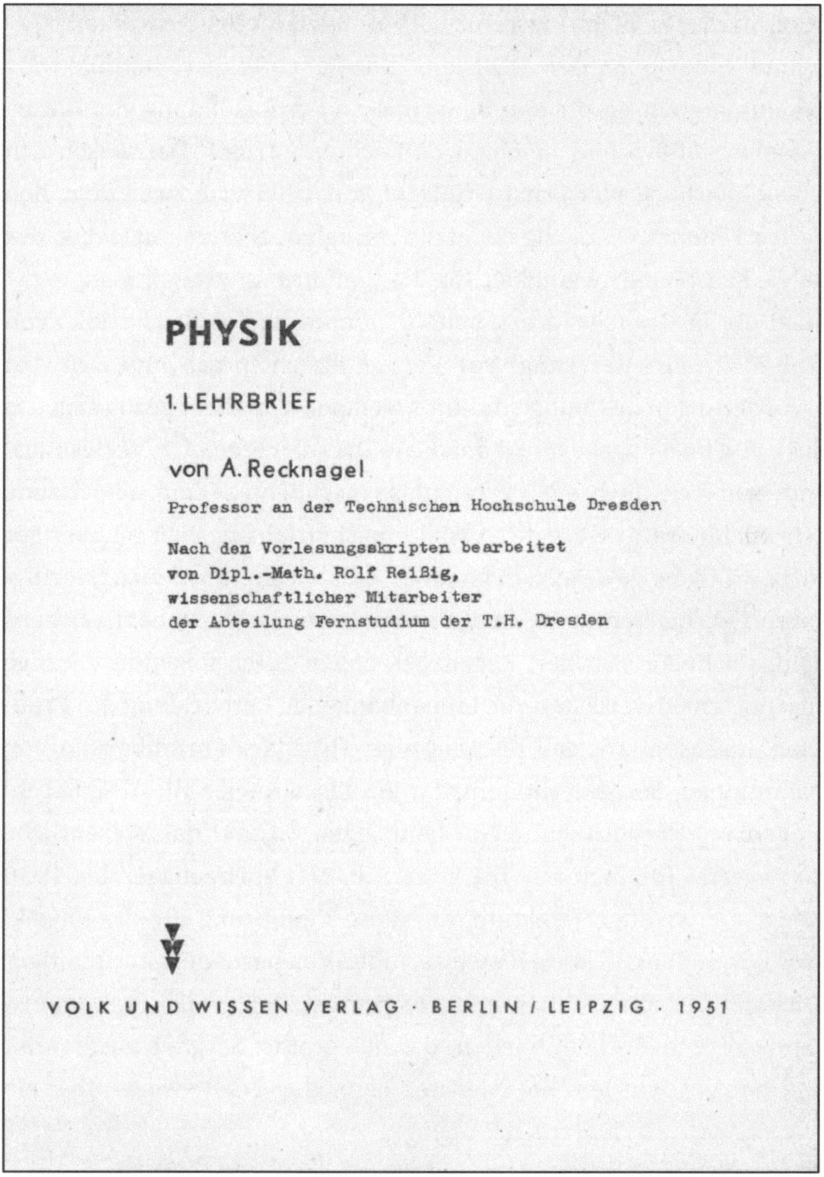

PHYSIK

1. LEHRBRIEF

von A. Recknagel

Professor an der Technischen Hochschule Dresden

Nach den Vorlesungsskripten bearbeitet
von Dipl.-Math. Rolf Reißig,
wissenschaftlicher Mitarbeiter
der Abteilung Fernstudium der T.H. Dresden

VOLK UND WISSEN VERLAG · BERLIN / LEIPZIG · 1951

Abb. 4: Titelblatt des 1. Lehrbriefs Physik für das Fernstudium, der 1951 erschien.

unterschiedlicher Altersstufe der Weg zum Diplom eröffnet worden (vgl. auch Fußnote 29).

Denn nach der Währungsreform 1948 blieb dieses Buch über Jahrzehnte hinweg in der DDR die einzige verfügbare einführende Gesamtdarstellung, die den Bedürfnissen der Ausbildung von Naturwissenschaftlern und Ingenieuren Rechnung trug.[33] Das wesentlich ältere Lehrbuch von Ernst Grimsehl von 1909 war zwar über den Verlag Teubner in Leipzig ebenfalls verfügbar, aber im Stil wegen der teilweisen Weitschweifigkeit für die Einführung weniger geeignet.[34] Auch die in Greifswald erarbeitete „Einführung in die Physik" von Walter Schallreuter stand zur Verfügung, entsprach indessen den Anforderungen des Selbststudiums weniger. Vor allem bezog sich das Buch von Recknagel explizit auf die in Dresden gezeigten Vorlesungs- und zum Teil auch auf Praktikumsexperimente. Ohne begleitende Lehrbuchliteratur wäre der Ausbildungsbetrieb ungleich schwieriger zu bewältigen gewesen. Gegenüber etablierten, aber nicht verfügbaren Lehrbüchern, wie etwa der Darstellung von Robert Wichard Pohl, zeichnete sich der ‚Recknagel' daher durch folgende Vorzüge aus: (a) schrittweise und zusammenhängende Entwicklung des Problems, insbesondere des Rechengangs, (b) klare Formulierung von Definitionen, Berücksichtigung der jeweils aktuellen IUPAP-Empfehlungen, (c) Hervorhebung von Lehrsätzen, (d) auf das Wesentliche fokussiertes Bildmaterial. Die hohe Zahl von Nachauflagen bis 1990 belegt die wichtige Funktion, die diese Einführung für die Physikausbildung über 35 Jahre hinweg erfüllte. Von besonders nachhaltiger Wirkung für alle Studierenden waren zweifellos die Praktikumsversuche und Rechenübungen, die mit großer Sorgfalt ausgewählt und betreut wurden. So Erlerntes kann die Arbeitsweise über ein

---

[33] Es umfasste vier Bände, die in der ersten Auflage im Zeitraum von 1955 bis 1962 erschienen: Mechanik (1. Aufl. 1955, 17. Aufl.1990); Schwingungen und Wellen, Wärmelehre (1. Aufl. 1957, 16. Aufl. 1990); Elektrizität und Magnetismus (1. Aufl. 1959, 15. Aufl. 1990); Optik (1. Aufl. 1962, 13. Aufl. 1990). Verlag Technik, Berlin. Vgl. Abb. 6.

[34] Als Ergänzung für Physiker dennoch willkommen und nach Grimsehls Tod 1914 auch später durch zahlreiche aktualisierte Auflagen in der DDR verfügbar. Vgl. auch J. Weiß, W. Stolz: Ernst Grimsehl 1861-1914. Teubner 2014.

Studienanweisung für den 3. Lehrbrief

Physik

Unterrichtsplan

Arb.-Nr.	Anweisung	erledigt 195...... Tag	Uhrzeit
1	Lesen Sie langsam und mit Konzentration, möglichst halblaut, das 14. Kapitel (S. 121—125).		
2	Prägen Sie sich den Inhalt des Impulssatzes genau ein (Zusammenfassung S. 125).		
3	Beantworten Sie die Wiederholungsfragen (S. 126).		
4	Lösen Sie die Übungsaufgaben (S. 126).		
5	Vergleichen Sie Ihre Antworten und Lösungen mit denen des Lehrbriefes (S. 173).		
6	Lesen Sie das 15. Kapitel (S. 126—131) in der unter 1 empfohlenen Art und Weise.		
7	Studieren Sie die Zusammenfassung (S. 132).		
8	Beantworten Sie die Wiederholungsfragen (S. 132).		
9	Lösen Sie die Übungsaufgaben (S. 132).		
10	Vergleichen Sie Ihre Antworten und Lösungen mit denen des Lehrbriefes (S. 174/175).		
11	Studieren Sie den Abschnitt 90 (S. 133) über den Begriff des starren Körpers.		
12	Erarbeiten Sie sich den Inhalt des 16. Kapitels (S. 133—139) so, daß Sie selbst eine kurze Zusammenfassung schreiben können.		
13	Studieren Sie anschließend daran die Zusammenfassung des Lehrbriefes (S. 139).		
14	Beantworten Sie die Wiederholungsfragen (S. 139/140).		
15	Lösen Sie die Übungsaufgaben (S. 140).		
16	Vergleichen Sie Ihre Antworten und Lösungen mit denen des Lehrbriefes (S. 175/176).		
17	Befassen Sie sich eingehend mit dem 17. Kapitel (S. 140 bis 149).		
18	Prägen Sie sich die Zusammenfassung gut ein (S. 149).		
19	Beantworten Sie die Wiederholungsfragen (S. 150).		
20	Lösen Sie die Übungsaufgaben (S. 150).		
21	Vergleichen Sie Ihre Antworten und Lösungen mit denen des Lehrbriefes (S. 176/177).		

Abb. 5. Zur zielgerichteten Verwendung der Lehrbriefe wurden Studienanweisungen ausgearbeitet (hier ein Auszug aus der Anweisung für den 3. Lehrbrief der in Abb. 4 gezeigten Reihe). Sie berücksichtigten die besonderen Umstände, unter denen die erste Nachkriegsgeneration Beruf und Studium nebeneinander realisieren mussten.

Menschenalter hinweg bestimmen. Selbst gegen Systembrüche haben sich Fähigkeiten dieser Art als invariant erwiesen. Seine Lehrerfahrung hat Recknagel als Leiter des Lehrkollektivs ‚Klassische Physik' weitergegeben. Aufgrund einer gesonderten Vereinbarung übte er diese Aufgabe noch bis 31. August 1976 aus, also über den Zeitpunkt der Emeritierung hinaus.

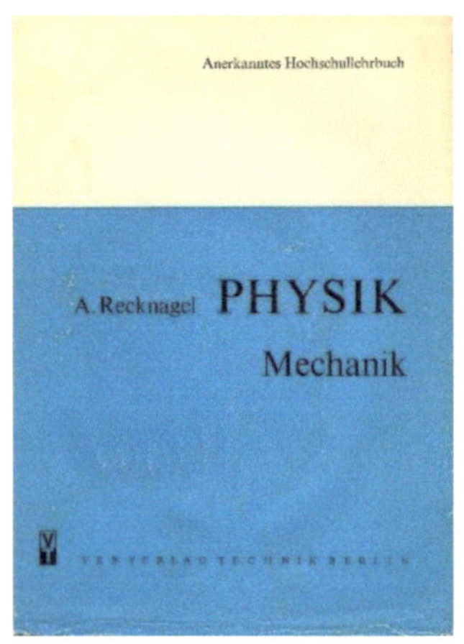

Abb. 6: Lehrbuch ‚Physik' von A. Recknagel in vier Bänden, das 1955 erstmals erschien und bis 1990 Neuauflagen erlebte: Mechanik: 1. Auflage 1955; 17. Auflage 1990; Schwingungen und Wellen, Wärmelehre: 1. Auflage 1957, 16. Auflage 1990; Elektrizität und Magnetismus: 1. Auflage 1959, 15. Auflage 1990; Optik: 1. Auflage 1962, 13. Auflage 1990, Verlag Technik Berlin.

Der Forscher – Innovation und Tradition

Die im Vorwort erwähnte Traditionslinie der Befassung mit Elektronen hatte an der TH Dresden vor dem Zweiten Weltkrieg zu weltweit beachteten Ergebnissen geführt.[35] Sie wurde durch Recknagels Berufung nach Dresden fortgesetzt und fand von dort weitere Verbreitung.[36] Naturgemäß knüpfte Recknagel nach seiner Berufung an eigene frühere Forschungsergebnisse an. Ein Exemplar des von ihm mit entwickelten ELMI C brachte er aus Jena an die TH Dresden (siehe Abbildung 7). Er lenkte die Forschungsarbeiten besonders auf elektronenoptische, später allgemeiner auf elektronenphysikalische Fragen. Schwerpunkte waren die Anwendungen dieses Gerätes, die Weiterentwicklung elektrostatischer Durchstrahlungsmikroskope, Anwendungen des Elektronenspiegelmikroskops, die Neuentwicklung von Emissions-Elektronenmikroskopen, theoretische Arbeiten zur Auflösungsgrenze der Elektronenmikroskope und der Aufbau von Energieanalysator-, Elektronenbeugungs- und Elektronenstrahlbearbeitungsgeräten. Zu den festkörperphysikalischen Anwendungen gehörten die Wechselwirkung von Ionen mit Festkörpern und die plastische Verformung; zur Oberflächen- und Elektronenphysik die Entwicklung neuer Verfahren zum Studium der Elementarprozesse an Oberflächen. Es kam zu einer Intensivierung der Zusammenarbeit mit Carl Zeiss, die das Ansehen der Abteilung Physik innerhalb der Hochschule verbesserte – denn die Geräteentwicklung war eine Stütze des

---

35 Vgl. dazu P. Paufler: Der phänomenale Hallwachs-Effekt. Dresdner Universitätsjournal 19, 2, 2008, S. 8; P. Paufler: Der nach Harry Dember benannte Effekt. Dresdner Universitätsjournal 19, 4, 2008, S. 8; P. Paufler, S. Eckold: Harry Dember 1882-1943. In: Innovation hat Tradition. Dresden 2011, S. 141-144; P. Paufler, S. Eckold: Wilhelm Hallwachs 1859-1922. In: Innovation hat Tradition. Dresden 2011, S. 115-118; P. Paufler: Toepler, August Joseph Ignaz; Hallwachs, Wilhelm Ludwig Franz, in: Sächsische Biografie, hrsg. vom Institut für Sächsische Geschichte und Volkskunde e. V., bearbeitet von Martina Schattkowsky, Online-Ausgabe: www. Isgv. De/saebi/ (Stand: 5. Juli 2011).

36 Vgl. dazu: P. Paufler: Prof. Rolf Goldberg 65. Dresdner Universitätsjournal 15, 2004, Nr. 17, S. 3.

valutaträchtigen Exports der DDR. Die hierbei gesammelten Erfahrungen kamen schließlich dem Gebiet der Grenzflächenphysik zugute, dem sich Recknagel in den letzten Jahren seines Wirkens zuwandte.[37] Erneut sei hier auf die ausführlichen Übersichten von Goldberg und Wetzig verwiesen.[38] Recknagels letzte wissenschaftliche Arbeit aus dem Jahr 1980 trägt den Titel „Zum Energieverlust rückgestreuter Elektronen".[39]

Die erfolgreichen Arbeiten brachten ihm vielfache Anerkennung ein. Dazu gehörte der Nationalpreis II. Klasse 1961[40] und die Auszeichnung als Verdienter Hochschullehrer 1975. Auf seinem Forschungsgebiet wurden ihm wiederholt Leitungsfunktionen in überregionalen Gremien angetragen.[41] Anerkennungsschreiben führender Fachkollegen aus dem westlichen Ausland, wie von Vernon E. Cosslett (Cambridge, UK) und Helmut Ruska (Berlin-West) erhöhten damals das Ansehen in den Augen staatlicher Autoritäten in besonderem Maße.[42]

---

37 Lebenslauf Alfred Recknagel vom 31. März 1975. Uni-Archiv PA Recknagel.

38 Physikalisches Kolloquium der TU Dresden vom 23. November 2010: R. Goldberg: Alfred Recknagel und die Elektronenoptik; K. Wetzig: 50 Jahre Elektronenmikroskopie in Dresden – von den Wurzeln bis zur Gegenwart.

39 A. Recknagel: Zum Energieverlust rückgestreuter Elektronen. Informationen der TU Dresden 1980 S. 1-16.

40 Mit Schreiben vom 29. Juli 1953 ist schon zuvor ein Antrag auf Verleihung des Nationalpreises gestellt worden. Damals hatten Prorektor Schwabe und Prorektor Straub (in Vertretung des Rektors) den Antrag auf Verleihung des Nationalpreises begründet. Dieser Antrag ist offenbar nicht weitergeleitet worden (Uni-Archiv, Personalakte Recknagel). Die negative Beurteilung der Personalabteilung vom 17. Juni 1953 könnte eine Rolle gespielt haben. Den Unterzeichnern fehlte es sichtlich an Unterstützung durch die SED. Nach Recknagels Eintritt in die Universitätsleitung änderte sich dies (Anm. des Verf.).

41 Mitglied des Wissenschaftlichen Beirates für Physik bis zu dessen Auflösung 3/1965; Mitglied des Hoch- und Fachschulrates der DDR ab 25. Januar 1966; Leiter der AG Elektronenmikroskopie im Arbeitskreis Elektronenröhren; Mitglied der Sektion Physik der Deutschen Akademie der Wissenschaften; Vorsitzender des Nationalkomitees für Elektronenmikroskopie; Leiter des Fachverbandes Elektronenmikroskopie; Vorstandsmitglied der Physikalischen Gesellschaft der DDR; Mitglied der Gesellschaft für Elektronenmikroskopie (Westdeutschland), Universitätsarchiv.

42 Schreiben von V. E. Cosslett (Cambridge) vom 24. Februar 1960 und von H. Ruska vom 25. April 1962, Universitätsarchiv.

Als seine Geburtsstadt Eisfeld ihm 1990 die Ehrenbürgerschaft verlieh, würdigte sie ihn auch für seine Aufbauleistung der Dresdner Physik insgesamt.[43] Die wissenschaftlichen Pionierarbeiten Recknagels haben auch noch nach dem Zweiten Weltkrieg vielfache Beachtung in der Fachwelt erfahren. [44]

Direkter Nachfolger Recknagels an der TU wurde 1978 sein Schüler Prof. Fritz Storbeck, der mit seiner Habilitationsschrift über „Kontrastübertragung und Auflösung im Emissions-Elektronenmikroskop" 1970 an die Arbeiten Alfred Recknagels bei der AEG anknüpfte. 1992 verließ er im Zuge der Hochschulerneuerung die TU.

Mit dem Beitritt der DDR zur Bundesrepublik 1990 und dem damit einhergehenden Wiedererstehen des Freistaates Sachsen wurden alle Hochschullehrerstellen neu ausgeschrieben. Die Recknagelsche Arbeitsrichtung lebte durch die Berufung seiner beiden Schüler Prof. Rolf Goldberg (Professur Elektronenmikroskopie bis 2004) und Prof. Wolfgang Hauffe (Professur Mikrostrukturphysik bis 2007) im Jahre 1992 unmittelbar bis zu deren Versetzung in den Ruhestand fort.

---

43 D. Schulze: Laudatio und Begründung einer Ehrenbürgerschaft der Stadt Eisfeld /Thür. für Prof. Dr. A. Recknagel, Universitätsarchiv.

44 Vgl. dazu z. B. Web of Science. Erschwerend dafür waren die Behinderung des Zeitschriftenaustauschs während der Kriegsjahre und die Sprachbarriere. Die meistzitierten Arbeiten nach ‚Web of Science' sind: 1. Theorie des elektrischen Elektronenmikroskops für Selbststrahler, Zeitschrift für Physik 117, 1941, S. 689; 2. Berechnung der Elektronenterme der Stickstoffmolekel, Z. Phys. 87, 1934, S. 375; 3. Das Auflösungsvermögen des Elektronenmikroskops für Selbststrahler, Zeitschrift für Physik 120, 1943, S. 331; 4. Über Fresnelsche Beugung beim Lichtmikroskop und Elektronenmikroskop, Optik 2, 1947, S. 346, mit E. Kinder; 5. Über die „Phasenfokussierung" bei der Elektronenbewegung in schnellveränderlichen elektrischen Feldern, Zeitschrift für Physik 108, 1938, S. 459, mit E. Brüche; 6. Beiträge zur Metalltheorie nach der Thomas-Fermischen Methode, Zeitschrift für Physik. 38, 1937, S. 758, mit B. Mrowka; 7. Theorie der Elektronenbewegung im Ablenkkondensator, Zeitschrift für Physik 111, 1938, S. 61; 8. Über ein Gerät, das Beugung mit langsamen und schnellen Elektronen und emissionselektronenmikroskopische Abbildung von Festkörperoberflächen gestattet, Optik 35, 1972, S. 376, mit J. Brückner und H. Mahnert; 9. Über die sphärische Aberration bei elektronenoptischer Abbildung, Zeitschrift für Physik 117, 1941, S. 67; 10. Über den Öffnungsfehler von elektrischen Elektronenlinsen, Zeitschrift für Physik 122, 1944, S. 660, mit H. Mahl.

Außerdem gelang es 1994 durch die Berufung des Möllenstedt-Schülers Prof. Hannes Lichte (geb. 1944), Professur Physikalische Messtechnik, das Dresdner Forschungsspektrum um die methodisch anspruchsvolle wie anwendungsträchtige Methode der holografischen Abbildung mit Elektronen zu erweitern. Einen wesentlichen Baustein bildete das eigens von ihm dafür eingerichtete Labor auf dem Triebenberg in der Nähe von Dresden, einem Ort mit besonders niedrigem Niveau magnetischer und mechanischer Störfelder. Zu den günstigen geologischen Verhältnissen fand Lichte bei seinem Amtsantritt in Prof. Dietrich Schulze (1922–2014) noch einen überaus erfahrenen Elektronenmikroskopiker vor, der vor ihm als Lehrstuhlvertreter zugleich ortskundiger Wegbereiter des ambitionierten Vorhabens wurde und der bis zu seinem Tode die Arbeiten hilfreich begleitete.[45] Mit dem Übertritt Hannes Lichtes in den Ruhestand 2016 und der umstrittenen Schließung des Labors ging die führende Stellung der TU Dresden auf diesem Gebiet allerdings verloren. Als fünfte experimentelle Arbeitsrichtung mit Bezug zum Elektron etablierte sich 1994 in der erneuerten Universität Prof. Clemens Laubschat (geb. 1955), Professur Oberflächenphysik mit dem Schwerpunkt Photoelektronenspektrometrie.

Die Ausstrahlung des Wirkens von Alfred Recknagel auf die Wissenschaftslandschaft wäre nur unvollständig beschrieben, wenn nicht eine Reihe von Schülern Erwähnung fänden, die außerhalb der Fachrichtung (ab 2017 Fakultät) der TU Dresden seine Lehr- und Forschungsmethoden weitertrugen. Dazu gehören die Professoren Rudolf Panzer (geb. 1928) an der TH Leipzig, Wolfgang Heyroth (1932–2016) an der Pädagogische Hochschule Halle, Dieter Werner (geb. 1933) am Informatikzentrum der TU Dresden, Christian Edelmann (geb. 1935) an der TU Magdeburg, Gerhard Blasek (geb. 1937) an der Sektion Informationstechnik der TU Dresden, Klaus

---

45 Vgl. H. Lichte: Dietrich Schulze 30.7.1922-26.2.2014. In: Mitteilungen der Deutschen Gesellschaft für Kristallographie 44, 2014, S. 131-134.

Wetzig (geb. 1940) am Institut für Festkörper- und Werkstoffforschung Dresden [IFW], Hans-Joachim Müssig (geb. 1940) am Institut für innovative Mikroelektronik Frankfurt an der Oder, Walerian Arabczyk (geb. 1944) an der Westpommerschen Universität Stettin, Rudolf Reichelt (1947–2010) an der Universität Münster und Jürgen Dietrich (geb. 1947) am FZ Jülich und der Universität Dortmund.

Auch in Forschungseinrichtungen wurden ehemalige Schüler wirksam, z. B. als Erfahrungsträger auf dem Gebiet der Elektronenmikroskopie wie Dr. Hans Rehme (geb. 1927) bei Siemens München sowie Dr. Hans-Dietrich Bauer (1938–2017) und Dr. Arnold Luft (geb. 1940) am IFW Dresden.

Für Absolventen mit wissenschaftspolitischem Einsatzgebiet ist Dr. Ion Teodorescu (geb. 1930) bei der International Atomic Energy Agency ein Repräsentant. Der wohl bekannteste Politiker, der noch während der Dienstzeit Recknagels an der TU Dresden von 1973 bis 1975 Physik studierte, ist Dr. Reiner Haseloff (geb. 1954), seit 2011 Ministerpräsident von Sachsen-Anhalt.

Abb. 7: Alfred Recknagel mit dem Diplomanden W. Krüger am Mikroskop Emil C, Dresden 1955.

Der Mensch – Strenge und Gerechtigkeit

Bestimmte Seiten von Alfred Recknagels Persönlichkeit gewannen Langzeitwirkung durch seine Schüler, die heute noch forschen und lehren. Wissenschaftliche Strenge erwartet man gemeinhin von allen Professoren, wer aber durch die Recknagel-Schule gegangen ist, wurde durch ihn zu einer besonders kritischen Haltung gegenüber eigenen Ergebnissen, aber auch zum Vertrauen auf eigene Erkenntnisse angehalten. Seine Schüler erinnern sich besonders der wissenschaftlichen Strenge bei der Formulierung von Abschlussarbeiten.[46] Solche Erfahrungen pflanzen sich erfahrungsgemäß über mehrere Generationen fort und wirken dann noch, wenn der Urheber schon vergessen ist. Vor allem seine wiederholte Mahnung, sich nicht durch Autoritäten von einer als richtig erkannten Ansicht abbringen zu lassen, ist vielen in Erinnerung geblieben.

DDR-Bürger nahmen diese Aufforderung damals natürlich auch politisch wahr. Immerhin beanspruchte die SED-Führung zugleich die Deutungshoheit zu philosophischen Fragen der Naturwissenschaften mit der Forderung nach „Durchdringung der Lehrveranstaltungen mit Ideen des Marxismus-Leninismus" oder „der führenden Rolle der Sowjetwissenschaft". Recknagels Ermunterung seiner Hörer zur Skepsis gegenüber Autoritäten war auch der Personalabteilung der Hochschule zu Ohren gekommen und wurde von ihr in schriftlichen Beurteilungen mit kritischen Bewertungen quittiert, die im Laufe der Zeit allerdings an Deutlichkeit verloren. Sowohl die Zeugnisse enger parteiloser Mitarbeiter,[47] als auch von Parteifunktionären der Hochschule[48] belegen seine innere Distanz zur Politik der SED (vgl. Abbildung 9). Er hatte offenbar sogar den Austritt aus der SED erwo-

---

46 Vgl. H. Zimmer, Wissenschaftliche Zeitschrift der TU Dresden 25, 1976, S. 757-760.

47 Z. B. Schreiben von P. Müller an den Dekan Soff vom 7. September 2003.

48 Vgl. Beurteilung der Kaderabteilung vom 17. Juni 1953, vom 23. Dezember 1954, und vom 4. Februar.1955; Schreiben des Staatssekretärs des MHF an

13.1.1961

Zentralkomitee der SED
Abteilung Wissenschaften

B e r l i n C 2
Werderscher Markt

Betr.: Einsatz des Genossen Professor Dr. phil. habil. Alfred R e c k n a g e l als Prorektor für Forschung an der Technischen Hochschule Dresden

K u r z b i o g r a p h i e :

Name: Professor Dr. phil. habil. Alfred R e c k n a g e l
geboren: 22.11.1910 in Eisfeld/Thüringen
wohnhaft: Dresden A 53, Waldparkstraße 11
Staatsangehörigkeit: DDR
Soziale Herkunft: Holzdreher

Berufsausbildung und beruflicher Werdegang:

	Aufbauschule in Hildburghausen 1929 Abitur
1929 - 1934	Studium an den Universitäten Jena und Leipz: (Physik, Mathematik und Chemie) 1933 Promotion zum Dr. phil.
1934	Assistent bei Prof. Heisenberg, Leipzig 1934 Staatsexamen für das höhere Lehramt
1934 - 1945	AEG-Forschungsinstitut, Berlin, Physiker 1943 Habilitation
1945 - 1948	Carl Zeiss, Jena, Physiker 1946 - 1947 Oberassistent an der Univ. Jena 1947 - 1948 Dozent an der Univ. Jena
1948 -	Technische Hochschule Dresden Professor mit Lehrstuhl f. Experimentalphys: Direktor des Physikalischen Instituts

Militärdienst: entfällt

Politische Entwicklung:

1933 - 1945	DAF
1939 - 1945	NSV
1946 -	SED
1960 -	FDGB

Auszeichnungen: keine

- 2 -

das ZK der SED vom 13. Januar 1961, Uni-Archiv Personalakte Recknagel II/17466.

2 13.1.1961

Begründung:

Gen. Professor Dr. Recknagel ist Professor mit Lehrstuhl für Experimentalphysik an der Technischen Hochschule Dresden. Er ist ein anerkannter Wissenschaftler auf dem Gebiete der Theorie und Praxis der Elektronenoptik und war maßgeblich an der Entwicklung des bei der Fa. VEB Carl Zeiss Jena gebauten Elektronenmikroskopes beteiligt.

In den vergangenen Jahren hat Gen. Prof. Recknagel große Anstrengungen unternommen, das Institut für Experimentalphysik so aufzubauen, daß es heute als eines der bedeutensten Ausbildungstätten der Physiker geworden ist.

Als Mitglied des wissenschaftlichen Beirates für Physik erarbeitet er in der Kommission "Lehrpläne" mit.

In der Forschung arbeitet er auf dem Gebiet der Elektronenoptik und Elektronenphysik. In der Vergangenheit hatte Gen. Prof. Recknagel nur wenig Forschungsaufträge, da seine Hauptkraft auf den Aufbau seines Institutes gerichtet war.

Gen. Prof. Recknagel ist seit 1946 Mitglied der SED. Vor einigen Jahren hatte er die Absicht aus der Partei auszutreten. Inzwischen kann man feststellen, daß sein Verhältnis zur Partei sich gebessert hat.

Gen. Prof. Recknagel wurde bereits mit Einverständnis der Abteilung Wissenschaften im September 1960 als Prorektor für Forschung bestätigt.

Kurzbiographie geprüft:

Abteilungsleiter

Tschersich
Stellv. d. Staatssekretär

Abb. 8 (S. 36, 37): Antrag des Ministeriums für das Hoch- und Fachschulwesen der DDR an das ZK der SE.

Technische Hochschule Dresden
- Personalabteilung -

Dresden, den 17.6.53

027/I

Beurteilung

Betr.: Prof. Dr. Phil. Alfred Recknagel, geb. am 22. 11. 1910

Herr Professor Recknagel ist durch den Bau des Elektronmikroskops ein in Gesamtdeutschland sehr bekannter Professor. Diese Tatsache verursachte eine ausgeprägte Überheblichkeit gegenüber dessen, was aus der Sowjetunion kommt. Soweit er in solche Gespräche einbezogen wird, äußert er sich so, daß man es auch ironisch und zynisch auffassen kann.

Bei einer Diskussion über die Auswertung des XIX. Parteitages im Rahmen des Professorenzirkels, an dem er teilnahm, hatte er bei Problemen der Naturwissenschaften eine positive Haltung eingenommen und formal den Dialektischen Materialismus anerkannt. Für die Untersuchung der Probleme auf Teilgebieten der Physik, hat Herr Prof. Recknagel bei dem Versuch, zur Gründung der Vereinigung Deutscher Physiker, die offensichtlich von westdeutschen Physikern angesetzt wurde, in Westberlin eine sehr schwankende Haltung eingenommen, ob man bei evtl. Provokationen seitens Reuters und Adenauers diese Tagung verlassen soll oder nicht. Es bedurfte einer mehrstündigen Diskussion, um ihn zu überzeugen, daß man sich als Vertreter der Physik aus der DDR nicht provozieren lassen darf und dann die Tagung verläßt. Dieses Ereignis widerspiegelt bis zu einem gewissen Grad sein Verhältnis und sein politisches Schwanken zu Westdeutschland.

In der letzten Zeit ist er in Diskussionen aufgeschlossener geworden. Das ändert aber nichts daran, daß er für Gewerkschaftsarbeit und sonstige politische Funktionen seiner Belegschafts- und Verwaltungsangestellten seines Instituts keinerlei Verständnis aufbringt und sich hinter fachlichen Gründen versteckt.

Personalabteilung

Glasl

Technische Hochschule Dresden – Personalabteilung

Abb. 9: Beurteilung Recknagels durch die Personalabteilung der TH Dresden vom 17. Juni 1953.

gen und damit selbst ein Beispiel für Courage gegeben (siehe Abbildung 8).[49] Dass schon allein die Absicht in seine Personaldokumente Eingang fand, kennzeichnet den Rang des Gedankens aus Sicht der Verwaltung. Der akademischen Selbstverwaltung stellte er sich aber bereitwillig als Fachrichtungsleiter und als Prorektor für Forschung 1960 bis 1968 zur Verfügung.[50] Er war zunächst intern für das Amt des Rektors vorgesehen. In der Parteigruppe des Senats gab es dafür die „Vorlage einer Konzeption für die Wahl von Prof. Recknagel zum Rektor". In der nachfolgenden Aussprache wurde er allerdings als „nach bisherigen Erfahrungen zu großes Experiment" abgelehnt.[51] Erst 1960 trat er dem FDGB bei. Anscheinend war der Beitritt an die Amtsübernahme als Prorektor gebunden. Diese Mitgliedschaft war nicht vergleichbar mit der in einer freien Gewerkschaft, da Nichtmitglieder als Dissidenten galten. Der neuen Sektionsleitung nach 1968 konnte er sich entziehen, nutzte aber seinen Einfluss, um die Zurücknahme des gerade eingeführten Vier-Jahres-Studiums für Physik zu erreichen.[52]

Seine Karriere als AEG-Mitarbeiter dürfte nachgewirkt zu haben, wenn es um Fragen der Disziplin im Allgemeinen und Arbeitsdisziplin im Besonderen ging. So mancher Störenfried in der Vorlesung lernte Recknagels Null-Toleranz-Schwelle nachdrücklich kennen. Tatsächlich bekämpfte er im Unterschied zur Mehrheit seiner Kollegen undiszipliniertes Verhalten der Hörer etwa im Großen Hörsaal direkt und personengebunden. Dies betraf auch Mitarbeiter, die während der Dienstzeit bei wissenschaftsfernen Tätigkeiten angetroffen wur-

---

49 Schreiben vom 13. Januar 1961, Uni-Archiv Personalakte Recknagel II/17466.

50 Als Fachrichtungsleiter wirkte er in zwei Perioden: von 1952 bis November 1958 und vom 18. Mai 1967 bis zum 31. August 1967. Vgl. Uni-Archiv PA Recknagel. Als Prorektor arbeitete er vom 1. September 1960 bis zur Entpflichtung per 23. Oktober 1968. Bereits mit Schreiben vom 13. April 1964 beantragte er beim Ministerium die Entbindung als Prorektor. Offenbar hatte man ihn zur Fortführung des Amtes überredet. Vgl. Uni-Archiv PA Recknagel.

51 Vgl. SED-Akte, 14. Juni 1960, IV/4.15.030, Seite 165 im Ordner HPL-Sitzungen.

52 Vgl. Schreiben von Dr. Peter Müller an Dekan Soff vom 7. September 2003.

Abb. 10: Recknagel während einer Maidemonstration.

den (Abbildung 9). Als weitere Eigenschaften Recknagels galten Tugenden wie Unbestechlichkeit und Gerechtigkeitssinn, die er immer wieder vorlebte und an seine Schüler weitergab. Sowohl studentische Prüflinge als auch wissenschaftliche Mitarbeiter bestätigen das nachdrücklich.[53] Auf diesem Nährboden gediehen schnell zahlreiche Anekdoten um seine Person, zumal viele Studierende darin ein amüsantes Alleinstellungsmerkmal sahen. Diese Eigenschaften sind kaum mit den Forderungen an den heutigen Lehrbetrieb vereinbar, der keine eigenwilligen, sondern eher semesterumfrageangepasste Hochschullehrer fördert.

Natürlich besaß Recknagel auch eine gesellige, zu Scherzen aufgelegte Seite, die die Angehörigen seines Instituts bei Ausflügen und Doktorfeiern erleben konnten, aber auch Menschen außerhalb des Instituts- und Universitätsbetriebs (vgl. Abbildungen 10 bis 13).[54]

Seinen 80. Geburtstag hat Recknagel nach dem tiefgreifenden politischen Umbruch feiern können, der mit der deutschen Wiedervereinigung am 3. Oktober 1990 einherging. Dass ihm genau an diesem Tage die Ehrenbürgerschaft seiner Geburtsstadt Eisfeld angetragen

---

53 Ein ausführliches Zeugnis hat sein Schüler Dr. Peter Müller im Schreiben an den Dekan Soff vom 7. September 2003 abgegeben. Darin spricht er als Parteiloser Recknagel von dem Verdacht frei, die Ziele der SED verfochten zu haben. Vielmehr nutzte Recknagel den Freiraum als SED-Mitglied pragmatisch zur Abschirmung der Arbeit vor fachfremden Einflüssen. Vgl. autorisierte Kopie des Schreibens im Besitz des Autors.

54 Vgl. D. Leuschner: Gelehrte in Sachsen. Prof. Dr. Alfred Recknagel. Die Union, 22.11.1990; R. Goldberg: Alfred Recknagel und die Elektronenoptik. Vortrag anlässlich des Gedenkkolloquiums zur 100. Wiederkehr des Geburtstags von Herrn Prof. Dr. Alfred Recknagel. TU Dresden, 23.11.2010; H. Zimmer: Laudatio zum 65. Geburtstag von Prof. Dr. Phil. Habil. Alfred Recknagel. Wissenschaftliche Zeitschrift der TU Dresden 25, 1976, S. 757-760.

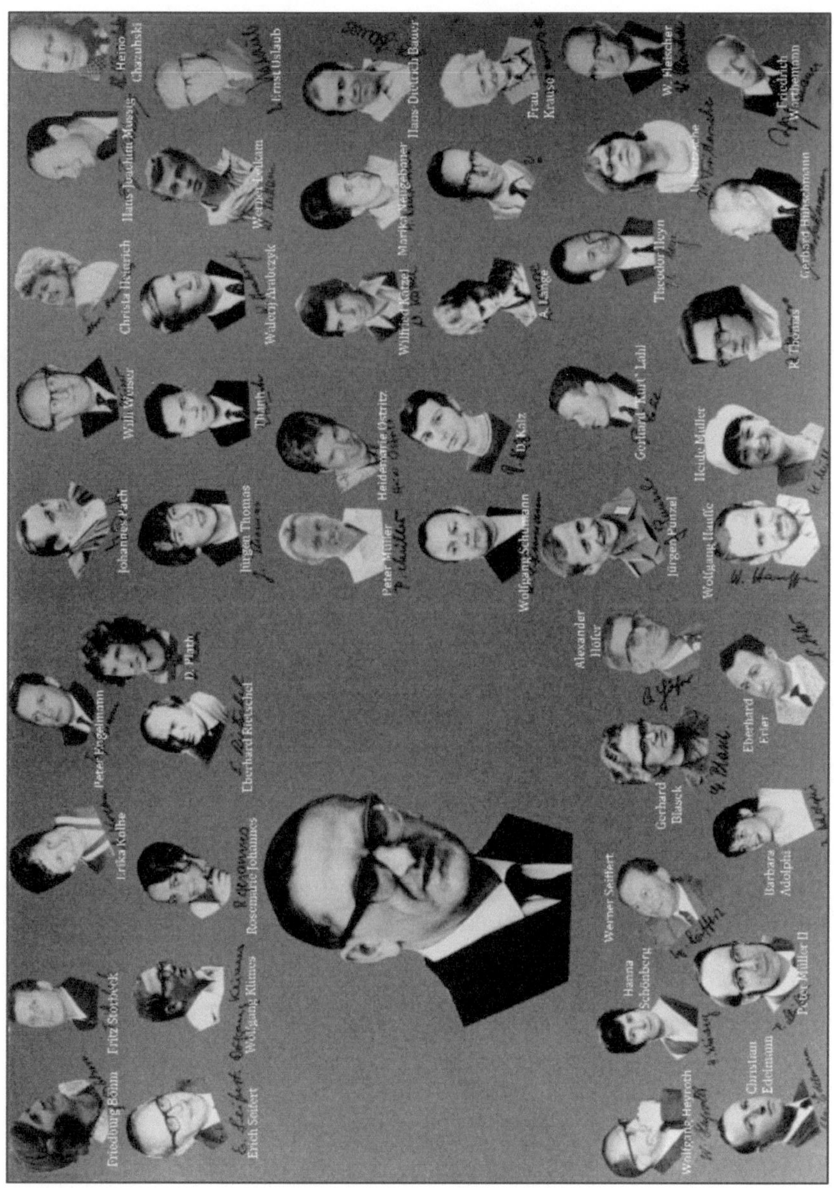

Abb. 11: Schüler und Mitarbeiter Alfred Recknagels anlässlich seines 65. Geburtstages 22. November 1975.

Abb. 12: „Alfred Recknagel im Aluminiumoxidgebirge" – Fotomontage seiner Studenten mit zwei Personenaufnahmen vor dem Hintergrund des rasterelektronenmikroskopischen Bildes einer Al_2O_3-Oberfläche. Sie wurde anlässlich einer Institutsfeier mit Recknagel gezeigt.

Abb. 13: Recknagel 1964 bei einem Schießversuch. Bei solchen Institutsausflügen lernten die Studenten Recknagel auch als geselligen Menschen kennen; neben ihm Rolf Goldberg (links) und Werner Uhlig (Mitte).

wurde, war auch ein Zeichen der Anerkennung über die Grenze des politischen Wandels hinweg. Recknagel hat übrigens nach 1990 als Emeritus selbst den Antrag auf Überprüfung durch die Personal- und Fachkommission gestellt, wie sie für die Beschäftigung im Öffentlichen Dienst nach dem Einigungsvertrag Vorschrift war. Dabei sind von der Personalkommission keine Einwände gegen seine Personalie vorgebracht worden und ihm wurde von der Fachkommission eine hohe fachliche Kompetenz bescheinigt. Diese symbolische und für Ruheständler im Hochschulprozess nicht vorgesehene positiv ausgefallene Evaluierung begünstigte später die Vorbereitung des Antrags auf Benennung des Physikgebäudes.

Als Recknagel am 19. Dezember 1994 in Dresden starb, gedachte die Fachwelt dankbar seines Wirkens.[55] Seine Grabstätte befindet sich auf dem Trinitatisfriedhof Dresden-Johannstadt.

---

55 Vgl. D. Schulze: Dresden-Mekka der Elektronenmikroskopie. Wissenschaftliche Zeitschrift der TU Dresden 43, 1994, S. 88-94; A. Mehlhorn: In memoriam Alfred Recknagel. Rüstzeug für Generationen. Dresdner Universitätsjournal 6,

Der Erbauer –Zweckmäßigkeit und Schönheit

Die Mehrzahl seiner Vorlesungen, Übungen und Praktika musste zunächst im Zeunerbau, im Institut für Organische Chemie und in drei Baracken daneben durchgeführt werden.[56] Ein eigener Physikhörsaal war schon 1948 in Aussicht gestellt worden.[57] Die Planung der Wiederherstellung zerstörter Gebäude und des Neubaus in der Südvorstadt wollte die TH Dresden mit ihrer Architekturabteilung von vornherein selbst übernehmen. Die Professoren Georg Funk (1901–1990), Walter Henn (1912–2006), Karl Wilhelm Ochs (1896–1988) und Heinrich Rettig (1900–1974) waren zu diesem Zeitpunkt schon damit beauftragt.[58] So manche, kühne Idee zur Gestaltung eines Campus im Gelände zwischen Nürnberger Platz und Zelleschen Weg musste allerdings wegen mangelnder Ressourcen wieder begraben werden, doch der mathematisch-physikalische Komplex am Zelleschen Weg konnte sich im Wesentlichen behaupten.[59] Dank der Zusammenarbeit zwischen dem designiertem Nutzer Alfred Recknagel und dem

---

1995, S. 2; D. Schulze: In memoriam Alfred Recknagel. Physikalische Blätter 51, 1995, S. 302.

56 Im Wintersemester 1946/47 standen für die Lehrveranstaltungen von Physik und Mathematik die Räume Zeunerbau 35a und 16a zur Verfügung (s. Personal- und Vorlesungsverzeichnis der TH Dresden WS 46/47). In den folgenden Vorlesungsverzeichnissen sind die Räume zunächst nicht mehr ausgewiesen. In ‚Geschichte der TU Dresden', Berlin 1988, S. 179, wird der Raum 222 des Zeunerbaus als Ort der Physikvorlesungen 1946 genannt. Zu den Baracken: Berufungszusage Nr.1 des Ministeriums vom 22.02.1948, vgl. Uni-Archiv PA Recknagel. Die dritte Baracke wurde erst 1950 bezogen. Vgl. A. Willers in: ‚125 Jahre Technische Hochschule Dresden 1828-1953', S. 90.

57 Vgl. Berufungszusage Nr. 3 des Ministeriums l. c.

58 E. Hempel: Die Bauten der Technischen Hochschule zu Dresden einst und jetzt. In: Wissenschaftliche Zeitschrift der TH Dresden 1, 1951/52, S. 1-20.

59 Eberhard Hempel schrieb dazu: *„[...] Dem dringenden Bedürfnis nach einem physikalischen Institut mit großem Auditorium für 700 Hörer und ausreichenden Werkstätten wurde nach Angabe des Ordinarius für Experimentalphysik Alfred Recknagel und Plänen von Walter Henn durch den Bau der Hälfte eines Traktes, der einen langgezogenen Grünhof im Osten abschließen soll, [...] entsprochen"*. E. Hempel: Die Bauten der Technischen Hochschule zu Dresden einst und jetzt. In: Wissenschaftliche Zeitschrift der TH Dresden 1, 1951/52, S. 1-20.

Abb. 14: Alfred Recknagel im Großen Physik-Hörsaal 1953 anlässlich der 125–Jahr-Feier der TH Dresden.

Abb. 15: Alfred Recknagel im Kleinen Physik-Hörsaal des Recknagel-Baus während der Vorlesung über Atomphysik, 1961.

Architekten Walter Henn (1912–2006)[60] konnte schon im September 1951 der Große Physikhörsaal eingeweiht werden, dessen zweckmäßige Ausstattung erheblich verbesserte Lehr- und Studienbedingungen ermöglichte (vgl. Abbildungen 14 und 16).[61] Dieser Saal wurde zunächst auch als Mathematik-Hörsaal genutzt, da der Mathematik-Hörsaal erst 1953 in Angriff genommen werden konnte. Als Grund für die Verzögerung nannte Willers die Überlastung des Lehrkörpers mit Forschungsaufträgen des Planungsministeriums.[62] Für Generationen von Hörern sind die Vorlesungen in diesem Saal mit der Erinnerung an eindrucksvolle Experimente und zugleich an gut verständliche Vorträge verbunden. Vorlesungen im Fachstudium für Physikstudenten hielt Recknagel im Kleinen Physikhörsaal (vgl. Abbildung 15). Im Studienjahr 1952/53 besuchten über 800 Studierende die Experimentalphysik-Vorlesung (vgl. Abbildung 16), schon drei Jahre später wurden jeweils drei dieser Vorlesung gleichen Inhalts hintereinander angeboten, wovon Recknagel die erste las, während Günther Haufe die zweite und dritte Vorlesungen hielt. Es dauerte dann noch einmal vier Jahre, bis der gleichermaßen dringliche Raumbedarf für den Seminar-, Praktikums- und Forschungsbetrieb mit der Errichtung des Physikgebäudes gedeckt werden konnte, das 2016 den Namen

---

60 Walter Henn (1912–2006) verließ 1955 wegen zunehmender ideologischer Einengung die DDR. Vgl. R. Gärling , B. Buth: Spezialkatalog zum schriftlichen Nachlass von Walter Henn, 2010.

61 Der Direktor des Instituts für Kunstgeschichte und Sammlung für Baukunst, Eberhard Hempel, schrieb dazu: *„Im Physikalischen Institut [...] hat Henn einen großen Hörsaal geschaffen, der wohl als mustergültig bezeichnet werden kann. Während die beiden älteren großen Hörsäle der TH , die erhalten blieben, verfehlt sind, [...] ist hier durch die in konkaver Linie hochgeführten Reihen, durch die günstige Resonanz der Wände mittels einer Putzschicht, die nicht unmittelbar auf der Mauer aufliegt, und durch eine nicht zu große Höhe bei ausreichender Ventilation [...] ein Raum entstanden, der im Übrigen auch dem Professor alle Möglichkeiten des Experimentes und der Demonstration bietet.“* E. Hempel: Die Bauten der Technischen Hochschule zu Dresden einst und jetzt. In: Wissenschaftliche Zeitschrift der TH Dresden 1, 1951/52, S. 1-20.

62 In: 125 Jahre TH Dresden 1828-1953, S. 92.

Abb. 16: Großer Physikhörsaal nach 1951.

„Recknagel-Bau" erhalten hat. Im Wintersemester 1955/56 erfolgte der Umzug aus den Steinbaracken in den B-Flügel des neuen Gebäudes.[63] Die Zusatzbelastung für Recknagel und seine Mitarbeiter im Zuge der Bauausführung lässt sich anhand von Zeitdokumenten unschwer erahnen (vgl. Abbildungen 18, 20 bis 21). Als Frucht dieses Engagements sind für die damalige Zeit zukunftsweisende Attribute, wie erschütterungsarme Labors, Klimaanlage, zentrale Vorvakuum-Versorgung, Hausbatterie u. v. m. realisiert worden.[64]

Im Grundpraktikum fanden nun bis zu 1.200 Studenten pro Semester Platz für ein modernes und ausgefeiltes Aufgabenspektrum. Auch für

---

63 H. Zimmer, Wissenschaftliche Zeitschrift der TU Dresden 25, Dresden 1976, S. 757-760.

64 R. Goldberg: Alfred Recknagel und die Elektronenoptik. Vortrag anlässlich des Gedenkkolloquiums zur 100. Wiederkehr des Geburtstags von Herrn Prof. Dr. Alfred Recknagel. TU Dresden, 23. November 2010.

Abb. 17: Ursprünglicher Entwurf von Walter Henns mit je vier Flügeln (links mathematische Institute, rechts physikalische), die mit dem Hörsaalgebäude in der Mitte den Grünraum hufeisenförmig umgeben.

Diplomanden verbesserten sich die Arbeitsmöglichkeiten.[65] Walter Henns ursprüngliches Konzept (vgl. Abbildung 17), die Gebäude um einen grünen Kernraum zu gruppieren, beschrieb Eberhard Hempel, der Direktor des Instituts für Kunstgeschichte, 1952 folgendermaßen: *„[...] wird das Freigelände in Räume untergliedert, deren Funktion es ist, dem gesellschaftlichen Leben der Hochschule, besonders der Studierenden, entgegenzukommen [...]. In lockerer Gestaltungsweise, die die Spannung zwischen Gebautem und lebendig Erwachsendem erhöht, werden sich wohlbesonnte, überschaubare Grünräume, belebt durch Blütenstaudenpflanzungen am Fuße der Bauten breiten, reichlich beschickt mit Erholungsplätzen in Sonne und Schatten.“*[66] Nach dem Tod von Adolf Willers 1959 fand dessen selbstloses Enga-

65 Auf Umfrage des Dekans meldete das Institut für den Zeitraum 1955-1957 insgesamt 46 Diplomanden.

66 E. Hempel: Die Bauten der Technischen Hochschule zu Dresden einst und jetzt. In: Wissenschaftliche Zeitschrift der TH Dresden 1, 1951/52, S. 1-20.

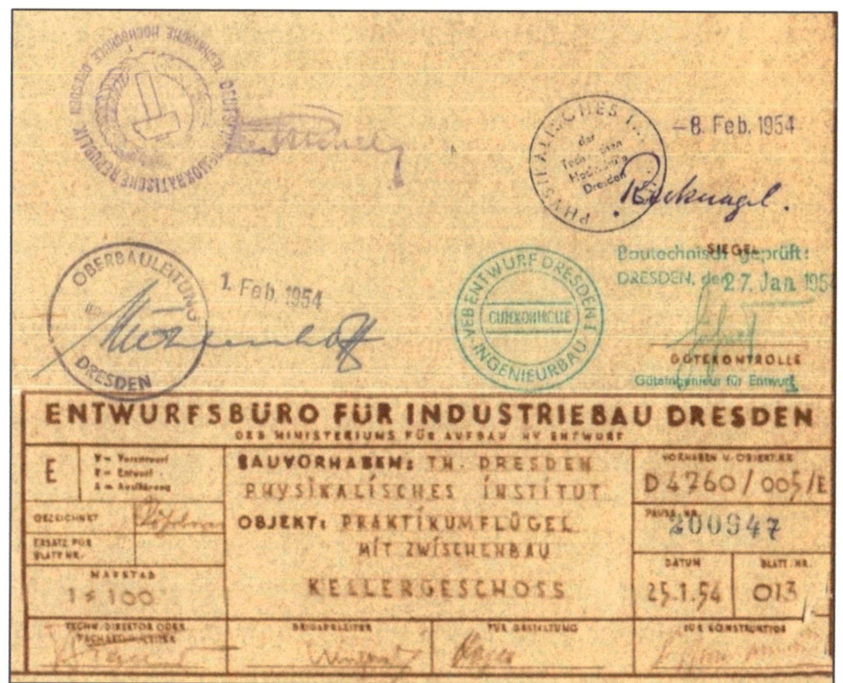

Abb. 18: Alfred Recknagel bestätigte nicht nur die Entwürfe für die Bauausführung, er sorgte auch für die Berücksichtigung spezifischer Anforderungen physikalischer Forschung und Lehre im Vorfeld.

gement für den Aufbau in der Benennung des mathematischen Teils des Neubaukomplexes gebührende Anerkennung. Im Beisein der Witwe von Professor Willers verlieh der Dekan Prof. Dr. Rudolf Reuther (1912–2008) im Jahr 1961 dem Gebäude der Mathematischen Institute am Zelleschen Weg 12-14 den Namen „Willers-Bau". Die Tradition, den Gebäuden der Dresdner TU Namen von hervorragenden Wissenschaftlern zu geben, führte hier zur Ehrung eines Mannes, der ständig für die Entwicklung der Lehre und Forschung eingetreten ist. „Der Name Willers-Bau ist Ehre und Verpflichtung zugleich", betonte Prof. Dr. Helmut Heinrich (1904–1997), „Ehre für einen Wissenschaftler, der unermüdlich wirkte, um große wissenschaftliche Leistungen zu vollbringen, sich aber mit gleichem Elan auch für die Förderung der Studenten einsetzte; Verpflichtung aber für die Studenten, seinem Vorbild nachzueifern und mit besten Studienergebnissen sein

Andenken zu ehren."[67] Dass auch der Hörsaaltrakt dem „Willers-Bau" zugerechnet wird, hatte schon das Kollegium des Rektors in der Sitzung von 5. September 1960 als nicht zweckmäßig abgelehnt. Auf Antrag der Fakultät Mathematik und Naturwissenschaften vom 20. Dezember 1993 wurde er vielmehr 1994 zu Ehren des Professors für Technische Mechanik und angewandte Mathematik Erich Trefftz (1888–1937) als „Trefftz-Bau" benannt.

Wenn nicht alle Vorstellungen Recknagels zum Bau des Physikalischen Institutes umgesetzt werden konnten, dann war dies der Zeit geschuldet. Die vorhandene Luftaufnahme macht aber deutlich, dass selbst mit zweimal drei Flügeln die ursprüngliche Absicht erreicht worden ist (vgl. Abbildung 19). Die Symmetrie des Gebäudekomplexes, die durch Symmetriebrechung noch besonderen ästhetischen Reiz erhält, einerseits und die der Entstehungsgeschichte andererseits (Einbeziehung der ersten Ordinarien Adolf Willers für den einen und Alfred Recknagel für den anderen Block) erschienen schon früh als weiteres gewichtiges Argument für die heutige Namensgebung.[68] Schön ist das Ensemble nicht nur außen, auch im Inneren gibt es Interessantes zu entdecken. Im westlichen Treppenhaus sind in vier Geschossen übereinander stehende Säulen mit farbigen sich überlagernden Rechtecken auf graublauem Fond geschmückt (siehe Abbildung 25). Prof. Jürgen Schieferdecker (geb.1937) schreibt über diese ‚Säulen zur Farblehre': „Von der breiten Öffentlichkeit zunächst kaum beachtet, war Hermann Glöckner (1889–1987) ein Meisterwerk der Konkreten Kunst gelungen, das in jener Zeit und im weiten Umfeld seinesgleichen sucht."[69] Die symbolische Namensgebung

67 Notiz in der Universitätszeitung der TU Dresden, Nr. 22, Oktober 1961, S. 2.

68 Am 24. Mai 1995 teilte das Landesamt für Denkmalpflege Sachsen der TU mit, dass die Denkmaleigenschaft des gesamten Gebäudekomplexes aus Willers-, Trefftz- und Recknagel-Bau (damals ‚Baulichkeiten der Physik') festgestellt worden sei und diese Gebäude damit als ‚städtebaulich bedeutsamste Ensembles aus den 1950iger Jahren' unter Denkmalschutz stünden.

69 Schieferdecker, Jürgen: Glücksfall konkreter Kunst im Osten Deutschlands. Dresdner Universitätsjournal 15, Nr. 14, 2004, S. 8. Siehe Abbildung 19.

haben Magnifizenz Müller-Steinhagen und Sprecher der Fachrichtung Physik Prof. Roland Ketzmerick am 28. Juni 2016 im Anschluss an den Vortrag mit einem Experiment aus dem Fundus der Sammlung vorgenommen: Eine (vermeintliche) Sektflasche aus Kunststoff wurde zum Vergnügen der Zuschauer durch den Hörsaal gegen die Wand des zu benennenden Gebäudes mittels einer Zündvorrichtung geschossen. Als Treibstoff diente Alkoholdampf in der im Übrigen leeren Flasche. Die notwendige Befestigung des neuen Namenszuges am Gebäude und die Enthüllung einer Reliefplatte mit dem Kopfbild Alfred Recknagels sowie einer symbolischen Darstellung des Elektronenspiegels nach Recknagel (Ausführung von Ulrich Eißner) wurden später vorgenommen.

Alfred Recknagel hat somit wie kein anderer einen wesentlichen Anteil am Wiedererstehen der Dresdner Physik als Gedankengebäude für Naturwissenschaftler und Ingenieure ebenso wie als gegenständliches Gebäude für moderne Lehre und Forschung. Deshalb ist die Namensgebung „Recknagel-Bau" in jeder Hinsicht gerechtfertigt und soll Anlass zu nachhaltiger Erinnerung bleiben.

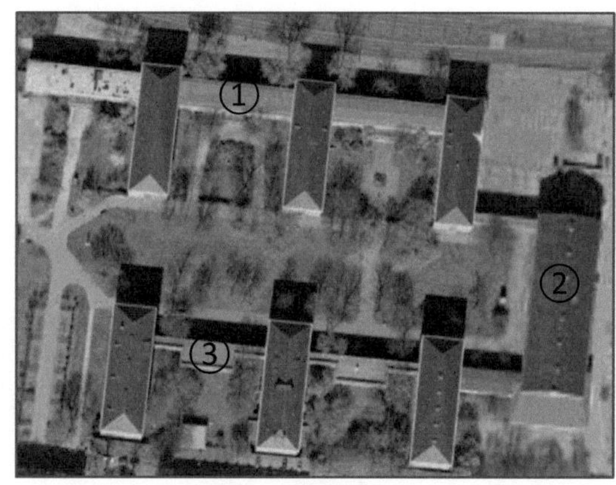

1 Willers-Bau

2 Trefftz-Bau

3 Recknagel-Bau

Abb. 19: Luftaufnahme des Gebäudekomplexes Zellescher Weg 14-16. Sowohl am Recknagel-Bau als auch am Willers-Bau sollte auf der linken Seite noch jeweils ein Flügel angebaut werden, was dann aus Kostengründen unterblieb. Noch vor der Wiedervereinigung 1990 wurde durch die Bebauung der Umgebung die nachträgliche Ergänzung nach den Plänen Henns ausgeschlossen (vgl. Abb. 17).

Abb. 20: Teilnahme an Veranstaltungen, die den Baufortschritt begleiten. Alfred Recknagel ist in Bildmitte mit hellem Mantel zu sehen, Walter Henn erster von links, vor dem Willers-Bau.

Abb. 21: Baustelle Zellescher Weg 12-16 um 1954. Die beiden fertigen Gebäude im Hintergrund sind der Mathematik-Hörsaal Zellescher Weg 16 und der Willers-Bau Flügel A (Mitte) Zellscher Weg 12-14. Im Vordergrund (Mitte) entsteht der Flügel C des Recknagel-Baus, Zellscher Weg 16 (neue Adresse: Haeckelstr. 3).

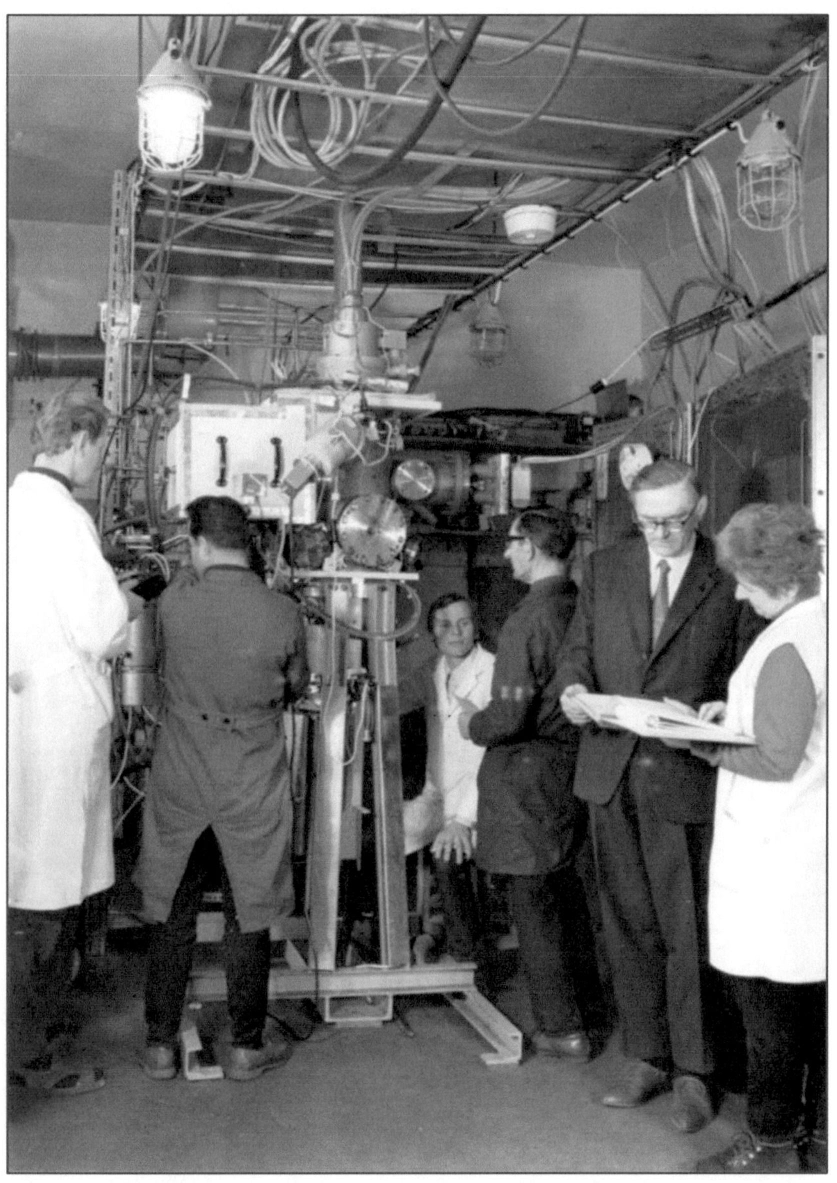

Abb. 22: Installation eines Elektronen-Emissions-Mikroskop mit Reflexions-Elektronen-Beugung für anspruchsvolle Forschungsarbeiten im Recknagel-Bau. Großgeräte dieser Art eröffneten neue Möglichkeiten, verpflichteten aber auch zu effizienter Nutzung. Prof. Alfred Recknagel begleitete den Aufbau (zweiter von rechts).

Abb. 23: Neusilber-Relief mit Brustbild von Alfred Recknagel. Darunter geschmiedetes Ziergitter als Heizkörperverkleidung im Durchgang zum C-Flügel im Recknagel-Bau. Das Gitter symbolisiert eine Elektronenlinse mit Feldlinien und Elektronenbahnen. Die Kunstwerke wurden von Prof. Ulrich Eißner in Zusammenarbeit mit der Kunstgießerei Gebrüder Ihle und der Kunst- und Bauschlosserei Klingner-Großmann aus Dresden geschaffen.

Gedenkstätte für Alfred Recknagel

Abb. 24: Alfred Recknagel anlässlich seines 80. Geburtstages.

Am 31. Januar 2017 fand im Durchgang zum C-Flügel des Recknagel-Baus die Enthüllung eines Reliefs des Namenspatrons und die Einweihung eines schmiedeeisernen Ziergitters sowie einer Postertafel zum Gedenken an Alfred Recknagel statt (Abbildung 23).[70] An der Veranstaltung nahmen der Künstler Ulrich Eißner, die Töchter Recknagels und Repräsentanten der Fachrichtung Physik sowie der Kustodie der TU Dresden teil. Später im gleichen Jahr ist dann der Schriftzug ‚Recknagel-Bau' im TU-üblichen Design außen am D-Flügel des Gebäudes angebracht worden und damit die Namensgebung förmlich zum Abschluss gekommen. Damit wurde für Recknagel eine Gedenkstätte geschaffen, die im Studentenalltag täglich an ihn erinnert.

---

[70] Vgl. auch N. Gierig: Ein neues Gesicht im Recknagel-Bau. Dresdner Universitätsjournal 28, Nr. 3, Dresden 2017, S. 4.

Abb. 25: Säulengestaltung von Hermann Glöckner 1957. Treppenhaus D-Flügel des Recknagel-Baus.

Danksagung

Die Abfassung dieses kleinen Beitrages zur Geschichte der TU Dresden wäre ohne die sachkundige Unterstützung und freundliche Hilfe einer Reihe ehemaliger Kollegen und Mitarbeiter der TU Dresden nicht möglich gewesen. Das Vorhaben der Namensgebung hat Prof. Rolf Goldberg von Beginn an tatkräftig begleitet und seine Erfahrungen als Recknagel-Schüler schließlich auch in das Manuskript einfließen lassen. Ihm gilt mein Dank an erster Stelle. Prof. Klaus Wetzig, ein weiterer Recknagel-Schüler, hat mir dankenswerterweise das Manuskript seines Vortrages überlassen und weitere Unterlagen zugänglich gemacht. Dem Direktor des Universitätsarchivs der TU, Dr. Matthias Lienert, verdanke ich die Genehmigung zu langwierigen Recherchen, bei denen mir vor allem seine Mitarbeiterin Angela Buchwald hilfreich mit Rat und Tat zur Seite stand. Bildmaterial haben weiterhin Mike Heubner vom Archiv, Claudia Moche vom Dezernat Bau- und Raumplanung der TU und Birgit Buth von der SLUB bereitgestellt, wofür ich an dieser Stelle Dank sage. Hilfreiche Ergänzungen zum Manuskript verdanke ich auch Kustos Dr. Klaus Mauersberger, dem Prodekanat Physik mit Prof. Roland Ketzmerick, Priv.-Doz. Dr. Stefan Grafström und Dr. Walter Keller. Weiterhin erwähne ich dankend das fördernde Interesse der Nachkommen Alfred Recknagels, insbesondere die Bereitstellung von Bildmaterial durch seinen Schwiegersohn Dr. Manfred Nebelung. Die langwierige Antragstellung zur Umbenennung des Baues wäre ohne die Mithilfe der Professoren Rolf Goldberg, Dietrich Schulze (1922–2014), Rüdiger Schmidt, Achim Mehlhorn, Hartwig Freiesleben, Clemens Laubschat und Christian Schroer nicht erfolgreich gewesen. Für die Einladung zum Vortrag anlässlich der Ehrung Alfred Recknagels bin ich Prof. Roland Ketzmerick verbunden. Schließlich danke ich dem Donatus-Verlag, insbesondere Dr. Romy Donath für die freundliche Aufnahme des Manuskriptes.

Dresden, Dezember 2017 — Peter Paufler

Literaturverzeichnis

Alkier, Hans: Zusammenfassung zu dem Lehrbuch von Prof. A. Recknagel Physik Mechanik, Berlin 1955.

Gärling, Robert, Buth, Birgit: Spezialkatalog zum schriftlichen Nachlass von Walter Henn, 2010.

Geise, Gerhard: TU Dresden. Fakultät Naturwissenschaften und Mathematik. Vorstellung der Fakultät. Wissenschaftliche Zeitschrift der TU Dresden 41, H1, S. 3-39, 1992.

Gemming, Thomas; Bauer, Hans-Dietrich: Klaus Wetzig 65. Zeitschrift für Metallkunde 96, 2005, S. 962-963.

Gierig, Nicole: Ein neues Gesicht im Recknagel-Bau. Dresdner Universitäts-Journal 28, Nr. 3, 2017, S. 4.

Goldberg, Rolf: Alfred Recknagel und die Elektronenoptik; Vortrag anlässlich des Gedenkkolloquiums zur 10. Wiederkehr des Geburtstages von Prof. Dr. Alfred Recknagel, Physikalisches Kolloquium der TU Dresden am 23. November 2010.

Haufe, Günther: Professor Dr. phil. habil. Alfred Recknagel zum 60. Geburtstag. Wissenschaftliche Zeitschrift der TU Dresden 20, 1971, S. 329-330.

Hempel, Eberhard: Die Bauten der Technischen Hochschule zu Dresden einst und jetzt. In: Wissenschaftliche Zeitschrift der TH Dresden 1, 1951/52, S. 1-20.

Landgraf, Günter (Hrsg.): Geschichte der Technischen Universität Dresden in Dokumenten und Bildern, Band 2. TU Dresden 1994

Leuschner, Dieter: Gelehrte in Sachsen. Prof. Dr. Alfred Recknagel. In: Die Union vom 22. November 1990.

Lichte, Hannes: Dietrich Schulze 30.7.1922-26.2.2014. In: Mitteilungen der Deutschen Gesellschaft für Kristallographie 44, 2014, S. 131-134.

Mauersberger, Klaus: Von der Photographie zur Photophysik.100 Jahre Wissenschaftlich-Photographisches Institut 1908-2008. IAPP der TU Dresden 2008.

Mehlhorn, Achim: In memoriam Alfred Recknagel. Rüstzeug für Generationen. Dresdner Universitätsjournal 6, Dresden 1995, S. 2.

Paufler, Peter: Prof. Rolf Goldberg 65. Dresdner Universitätsjournal 15 (17), Dresden 2004, S. 3.

Recknagel prägte Wiederaufbau der Physik. In: Dresdner Neueste Nachrichten vom 21. September 2010, S. 5.

Plädoyer für Grundlagen. Dresdner Universitätsjournal 21, Nr. 20, Dresden 2010, S. 5.

Gustav Ernst Robert Schulze: Metallphysiker, Kristallchemiker, Hochschullehrer. Leben und Werk 1911-1974. Abhandlung der Sächsischen Akademie der Wissenschaften zu Leipzig, Math.-nat. Kl., Bd. 65, Heft 6, 2013.

Der phänomenale Hallwachs-Effekt. Dresdner Universitätsjournal 19, Nr. 2, Dresden 2008, S. 8.

Der nach Harry Dember benannte Effekt. Dresdner Universitätsjournal 19, Nr. 4, Dresden 2008, S. 8.

Wilhelm Hallwachs 1859-1922. In: Innovation hat Tradition. Dresden 2011, S. 115-118.

Toepler, August Joseph Ignaz; Hallwachs, Wilhelm Ludwig Franz; Seebeck, Ludwig Friedrich Wilhelm August; Schulze, Gustav Ernst Robert, in: Sächsische Biografie, hrsg. vom Institut für Sächsische Geschichte und Volkskunde e. V., bearb. von Martina Schattkowsky, Online-Ausgabe.

Paufler, Peter; Eckold Steffi: Harry Dember 1882-1943. In: Innovation hat Tradition, Dresden 2011, S. 141-144.

Paufler, Peter; Finger, Adolf: Alfred Recknagel 1910–1944. In: Innovation hat Tradition, TU Dresden 2011, S. 253-256.

Reinschke, Kurt: Die Nachkriegsjahre an der Technischen Hochschule Dresden 1945-1947. In: Benjamin Schröder (Hrsg). Unter Hammer und Zirkel. Studien des Forschungsverbundes SED-Staat an der Freien Universität Berlin, Bd. 16, Frankfurt a. M. 2011.

Schulze, Dietrich: Alfred Recknagel zum 75. Geburtstag, in: H.-D. Bauer: Analytische Elektronenmikroskopie, Berlin 1986.

Dresden-Mekka der Elektronenmikroskopie, in: Wissenschaftliche Zeitschrift der TU Dresden 43, Dresden 1994, S. 88-94.

In memoriam A. Recknagel. In: Physikalische Blätter 51, 1995, S. 302.

Geschichte der Elektronenmikroskopie. Elektronenmikroskopie 6, 1992. S. 32-40.

Schulze, Gustav Ernst Robert: 10 Jahre Fakultät für Mathematik und Naturwissenschaften. In: Wissenschaftliche Zeitschrift der TU Dresden 8, Heft 6, 1958/59.

Seeliger, Dieter: Kernphysik an der Technischen Universität Dresden von 1955 bis 1990. Tradition, Fakten und Reminiszenzen, Dresden 2009.

Sonnemann, Rolf (u. a.): Geschichte der Technischen Universität, Berlin 1988.

Welich, Dirk: Hermann Glöckner. Ein Beitrag zum Konstruktivismus in Sachsen. Dissertation, TU Dresden, 2005.

Wetzig, Klaus: 50 Jahre Elektronenmikroskopie in Dresden - von den Wurzeln bis zur Gegenwart. Vortrag anlässlich des Gedenk-Kolloquiums zur 100. Wiederkehr des Geburtstages von Herrn Prof. Dr. Alfred Recknagel an der TU Dresden am 23. November 2010.

Willers, Friedrich Adolf: Die Abteilung für Mathematik und Physik. In: 125 Jahre Technische Hochschule Dresden. Festschrift 1953, S. 86-92.

Zimmer, Helmut: Laudatio zum 65. Geburtstag von Professor Dr. phil. habil. Alfred Recknagel. Wissenschaftliche Zeitschrift der TU Dresden 25, Dresden 1976, S. 757-760.

(Red.) Beiträge zur Geschichte der Physik an der Technischen Universität. TU Dresden, Sektion Physik, Dresden 1988.

Abbildungsnachweis

01	Universitätsarchiv der TU Dresden
1	Alfred Recknagel, Zeitschrift für technische Physik 17, 1936, S. 643-645.
2	Alfred Recknagel, Zeitschrift für Physik 117, 1941, S. 689-708.
3	Universitätsarchiv der TU Dresden
4	Peter Paufler
5	Peter Paufler
6	Manfred Nebelung
7	Universitätsarchiv der TU Dresden
8	Universitätsarchiv der TU Dresden
9	Universitätsarchiv der TU Dresden
10	Universitätsarchiv der TU Dresden
11	Zusammenstallung Hans Peter Müller 2016
12	Rolf Goldberg
13	Rolf Goldberg
14	Universitätsarchiv der TU Dresden
15	Peter Paufler
16	Universitätsarchiv der TU Dresden
17	Universitätsarchiv der TU Dresden
18	Dezernat Bau- und Raumplanung der TU Dresden
19	Wikimedia
20	Universitätsarchiv der TU Dresden
21	Universitätsarchiv der TU Dresden
22	Universitätsarchiv der TU Dresden
23	Nicole Gierig
24	Universitätsarchiv der TU Dresden
25	Universitätsarchiv der TU Dresden